本书受到国家自然科学基金（No.61602153,No.61309033,No.617021___）河南省科技
攻关项目（No.182102210020）以及河南财经政法大学博士科研启

U0174629

# 面向大规模延迟容忍网络的
# 安全机制研究

徐国愚◎著

RESEARCH ON SECURITY MECHANISMS FOR
LARGE-SCALE DELAY TOLERANT NETWORKS

经济管理出版社
ECONOMY & MANAGEMENT PUBLISHING HOUSE

**图书在版编目（CIP）数据**

面向大规模延迟容忍网络的安全机制研究/徐国愚著. —北京：经济管理出版社，2020.8

ISBN 978-7-5096-7346-1

Ⅰ．①面…Ⅱ．①徐…Ⅲ．①计算机网络—网络安全—研究　Ⅳ．①TP393.08

中国版本图书馆 CIP 数据核字（2020）第 146658 号

组稿编辑：杨　雪
责任编辑：杨　雪　王　硕　陈艺莹
责任印制：黄章平
责任校对：董杉珊

出版发行：经济管理出版社
　　　　　（北京市海淀区北蜂窝 8 号中雅大厦 A 座 11 层　100038）
网　　址：www.E-mp.com.cn
电　　话：(010) 51915602
印　　刷：三河市延风印装有限公司
经　　销：新华书店
开　　本：710mm×1000mm /16
印　　张：10
字　　数：164 千字
版　　次：2020 年 8 月第 1 版　2020 年 8 月第 1 次印刷
书　　号：ISBN 978-7-5096-7346-1
定　　价：55.00 元

# 前　言

大规模延迟容忍网络（LDTN）是指一类特殊的网络，该类型网络具有网络规模大、覆盖面积广、链路间歇性连通等特点。例如，天地一体化延迟容忍网络是一种典型的 LDTN 应用场景，网络由空基、天基、地基组成，节点包括卫星、浮空器、飞行器、地面终端等，卫星等节点的高速运动导致通信链路易中断。LDTN 网络可以应用在军事侦察、卫星通信、深空探测等领域，具有重要的战略意义与应用价值。

由于 LDTN 的重要性，需要对其信息系统进行安全防护。本书在深入分析 LDTN 特殊安全需求的基础上，深入研究面向 LDTN 的接入认证机制、广播认证机制、密钥管理与安全切换及远程可信证明机制的关键技术，主要内容如下：

（1）LDTN 接入认证机制。针对 LDTN 网络规模大，链路易中断的特点，设计了一种基于分级身份签名算法的接入认证协议。其通信与计算开销小于现有同类型协议，能够适应大规模 LDTN 网络环境。基于 h-wDB-DHI$^*$ 与 ECDDH 难题证明了签名算法与协议的安全性；针对集群用户并发接入需求，提出一种基于批验签的多用户并发接入认证协议，通过分级身份批验签算法与基于混合测试的错误签名筛选算法降低了基站认证开销，提高了并发认证效率；针对 LDTN 重要节点的匿名接入需求，提出可高效撤销的匿名接入认证机制，通过假名标识集实现匿名认证，通过秘密陷门机制实现假名高效撤销。

（2）LDTN 广播认证机制。针对飞行器并发接入无线传感器网络的应用场景，提出一种基于消息驱动的 μTESLA 广播认证协议，能够支持移动式基站，并且采用多层密钥链及基于 Merkle 树的参数包分发机制增强了协议的安全性；针对多级 μTESLA 广播认证协议易受拒绝服务攻击的影响和错误恢复时延长的问题，提出一种新的多级 μTESLA 协议，减轻其分发参数包时受到 DOS 攻击的可能性，缩短了错误恢复时延，协议通信开销小，并且不易

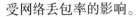

受网络丢包率的影响。

（3）LDTN 密钥管理与安全切换。本书针对 LDTN 网络的特殊性，提出了一种基于中国剩余定理的 LDTN 组密钥管理机制。其在新节点加入时不需要广播任何消息，在节点退出时，仅需要发送一条消息，所以通信开销小，且组成员的计算开销小。同时，方案具有状态无关性，不受丢包的影响；针对密钥协商的安全性，提出一种基于分级身份的 LDTN 认证密钥协商协议，并在标准模型下对协议进行了证明，保证了密钥的安全性。与同类型协议相比，本协议计算和通信开销更小；针对 LDTN 快速安全切换需求，提出一种基于上下文传递的安全切换机制，通过基于多普勒频移的切换基站选择算法与上下文传递机制实现快速安全切换。

（4）LDTN 远程可信证明机制。可信计算中的远程证明技术能够向远程基站报告终端当前的安全状态，且具有防篡改性。本书将远程证明技术应用在 LDTN 网络中，能够对接入终端的安全性进行持续性监控，增加网络的安全性。针对远程证明机制中存在的效率问题，本书提出批处理方案，将短时间段内到达的请求集中进行处理，实现支持批处理的远程证明，同时利用 Merkle 树进一步减少批处理方案中通信量增长的不足。另外，本书还提出了支持推送模式的远程证明方案，利用 TPM 的传输会话功能，在应用层将完整性报告与时间关联，通过定时上传和日志记录的方法实现推送模式。

本书受到国家自然科学基金（No. 61602153，No. 61309033，No. 61702161），河南省科技攻关项目（No. 182102210020）以及河南财经政法大学博士科研启动基金的支持。由于笔者水平有限，编写时间仓促，所以书中出现的错误和不足之处在所难免，恳请广大读者批评指正。

# 目 录

# 1 引言

## 1.1 研究背景与意义

自 20 世纪 60 年代以来,互联网的诞生给全世界带来了巨大改变。互联网不仅使人们的通信更加便捷,而且推动了社会各个领域的信息化变革,具有非常深远的影响与意义。

但是,基于 TCP/IP 协议的互联网服务一般面向的是地面有线或者无线网络,往往基于以下假设:存在端到端的持续性路径;最大往返时间不会太长;信道质量好,丢包率较小。在一些特殊性的网络,例如深空探测网络、卫星网络、无线传感器网络等,则无法满足上述假设。这些网络一般具有传输时延大、通信中断率高及节点资源受限等特点。例如在星际网络中,信号需要在火星与地球间往返,传输时延非常大;在卫星网络中,当低轨卫星运行到地球背面时将与地面基站失去联系,存在着通信中断问题;就节点自身而言,卫星、无线传感器节点都靠太阳能或者电池供电,计算和电力资源严重受限,也会导致通信链路间歇性关闭。

由于这些网络都具有传输时延大、链路间歇性连通等共性问题,国内外有研究组织专门对此类网络进行深入研究,并把这类网络取名为延迟容忍网络(Delay Tolerant Networks,DTN)。为了克服链路间歇性连通问题,DTN 节点通过"托管—转发"机制实现信息的可靠传输。

大规模延迟容忍网络(Large-scale Delay Tolerant Networks,LDTN)在 DTN 的基础上,进一步具有网络规模大、覆盖面积广等特点。例如,天地一体化延迟容忍网络是一种典型的 LDTN 网络应用场景,网络由空基、天基、地基组成,节点包括卫星、浮空器、飞行器、地面终端等,卫星等节点的高速运动导致通信链路易中断。

由于 LDTN 网络可以应用在军事侦察、卫星通信、深空探测等领域，具有重要的战略意义与应用价值，因此需要对其信息系统进行安全防护。但是，LDTN 网络环境不同于传统的地面有线网络，在设计安全机制的时候需要考虑以下几点特征：

（1）网络规模大、范围广、接入节点众多。LDTN 一般由空基、天基及地基组成，系统中包括有卫星、浮空器、飞行器、地面终端等各种节点。因此，在 LDTN 网络中实施安全机制应能够适应大规模网络环境特点。

（2）链路间歇性连通。在 LDTN 中，低轨卫星节点绕轨周期性运动，空中飞行器节点高速移动，星地节点间通信距离长且误码率高，这些特点造成了 LDTN 通信链路的间歇性连通与大时延。但是大多数传统安全协议均假设网络具有良好的连通性，可信第三方均是实时可达的。由于 LDTN 链路的间歇性连通，使得传统的基于可信第三方的安全基础设施无法提供实时、可靠的服务，为 LDTN 网络安全机制的可靠实施提出了特殊要求。

（3）链路频繁切换。在 LDTN 网络中，由于节点的高速运动，导致节点接入网络后需要频繁切换接入基站。同时，卫星通信存在点波束切换，且激光与微波链路均为点到点链路，因而同一接入基站下的已接入用户也会发生切换。链路的频繁切换，不仅会影响节点的安全性，同时也会对网络通信性能造成严重影响。因此，链路的切换性质对于节点的持续可信与效率提出了特殊要求。

综上所述，LDTN 网络的特点对信息安全机制提出了特殊要求，需要针对 LDTN 网络的特殊性对信息安全技术进行深入研究。

# 1.2 延迟容忍网络的起源及其体系结构

## 1.2.1 延迟容忍网络的起源

DTN 网络的概念最早是由美国航天局（NASA）提出的。1998 年，NASA 开始了深空网络（也称星际网络）的研究，专门对这种大时延、高中断的网络进行研究，用于保证深空航天器与地球控制中心的可靠通信，后来发展成为 Internet 的 IPNSIG 工作组。但是 IPNSIG 的工作遇到了问题：他们设想的星际网络并不存在，而创建这样一个网络又极其昂贵，因此相关实验难以完成。因为没有经费支持，现在已经停止运作。

后来，有研究人员开始研究如何将 IPN 的概念运用到陆地应用中，寻找更通用的延迟容忍网络。IETF 为此成立新的工作组，称为 DTNRG。与此同时，2004 年初，美国国防高级研究计划局提出中断容忍网络（Disruption-Tolerant Networking，DTN）。目前 DTNRG 是研究 DTN 体系结构以及协议的主要研究组织。

大规模延迟容忍网络在 DTN 的基础上，还具有网络规模大、覆盖面积广，节点众多等特点。网络一般由空基、天基、地基组成，节点包括卫星、浮空器、飞行器、地面终端等。因此对网络的部署及安全性保护提出了更高的要求。

## 1.2.2　延迟容忍网络体系结构

首先，给出影响 DTN 体系结构设计的因素。

（1）路径和链路特性。DTN 具有高延迟、低速率、非对称链路。基于反馈机制的可靠通信模式不适用 DTN 网络，在网络中，端到端之间断开连接的情况比连接的情况更常见。消息需要在路由器中长时间保存，具有长排队延迟。

（2）端系统特性。一是节点一般只有有限的寿命，一个特定消息的往返时间甚至单程时间完全有可能超过发送节点的寿命。二是节点存储资源有限，而数据在节点存储时间较长，需要设计有效的存储管理机制。

针对这些问题，RFC 4838 在传输层之上、应用层之下定义了一个端到端的、面向消息的覆盖网络，称为包裹层（Bundle Layer），如图 1-1 所示，能够实现包裹层功能的设备称为 DTN 节点，DTN 的基本传输数据单元为 Bundle。

下面对 Bundle 的结构定义、分块和重组机制、可靠性和保管传输以及优先等级进行简要的介绍。

（1）Bundle 的结构定义。每个 Bundle 应包含一个主块（必需）、一个可选的载荷块和一组可选的扩展块。块与块之间可以像 IPv6 中的扩展头那

图 1-1　Internet 与 DTN 分层的对比

样级联在一起。主块中包含有源和目的地址等重要路由信息，载荷块中包含所携带载荷的信息（如长度）及载荷本身。下面我们对主块中所包含的重要域进行详细介绍。

1）Creation Timestamp：由 Bundle 的创建时间和一个单调增长的序列号级联而成，这样保证由同一个源产生的每个应用数据单元（Application Data Units，ADU）都有唯一的创建时间戳。这个创建时间戳基于应用请求发送一个 ADU 的时间，而不是相应的 Bundle 进入网络的时间。协议假设 DTN 节点具有基本的时间同步能力。

2）Lifespan：消息失效的时间。一个 Bundle 的 Lifespan 表示为距其创建时间的偏移量。当存储在网络（包括在源 DTN 节点）中的 Bundle 的 Lifespan 到期后，这个 Bundle 会被丢弃。

3）Class of Service Flags：指示该 Bundle 使用的投递选项和优先级种类。

4）Source EID：源（第一个发送者）终端标识号。

5）Destination EID：目的（最终接收者）终端标识号。

6）Report-To EID：指示返回收条、路由跟踪等报告应当发送给谁，这个 EID 可能和 Source EID 不同。

7）Custodian EID：Bundle 的当前保管员（如果有的话）。

（2）分块和重组机制。DTN 的分块/重组功能用于提高 Bundle 传输的效率，充分利用节点通信连通的时机，并且可以避免重传已转发的 Bundle。有两种形式的 DTN 分块/重组：

1）主动分块（Proactive Fragmentation）：DTN 节点将一个 ADU 划分成多个较小的块，每个块作为一个独立的 Bundle 传输，目的节点负责重组。

2）被动分块（Reactive Fragmentation）：当节点间通信终止时，一个

Bundle 只有部分被传输，则正确接收的部分作为一个 Bundle 片段继续转发，剩余内容在下一次节点通信时作为另一个 Bundle 片段发送。

（3）可靠性和保管传输。Bundle 层提供的最基本服务是无确认和有优先级（但不保证）的单播消息投递。同时，也可提供两个增强投递可靠性的选项。

1）端到端确认：上层应用可以使用这个选项实现端到端的可靠传输。

2）保管传输：一种粗粒度的重传机制，在传输 Bundle 过程中，可靠投递 Bundle 的责任也在节点间传递。一个 Bundle 及其投递责任从一个节点移动到另一个节点称为一次保管传输。沿途接收到这些 Bundle 并同意承担可靠投递责任的节点称为保管员，保管员在必要时负责重传 Bundle。

（4）优先等级。DTN 定义了三种优先级，用于调度发送队列中的 Bundle。

1）大宗（Bulk）：按最小努力发送，仅当由相同源节点产生、去往相同目的地的所有其他优先级的 Bundle 都已传输，才传输这一类 Bundle。

2）普通（Normal）：优先于大宗 Bundle 传输。

3）加急（Expedited）：优先于其他类型的 Bundle 传输。

一个 Bundle 的优先级只与从相同源节点发出的 Bundle 有关；但取决于特定 DTN 节点的转发/调度策略，优先级也可能在不同源节点之间实施。

针对 DTN 的网络特性及体系结构，众多学者对 DTN 路由选择算法以及拥塞控制机制进行了深入研究。由于本书关注于 DTN 的安全问题，所以这些内容不是本书的重点，在此不再赘述。

# 1.3　主要内容

本书主要对 LDTN 网络中的若干关键安全技术进行研究，具体包括接入认证机制、广播认证机制、密钥管理与安全切换以及远程可信证明机制。

主要内容如下：

（1）基于分级身份的 LDTN 网络接入认证机制。LDTN 网络具有网络规模大范围广、节点类型多数量大、链路间歇性连通等特点，对接入认证的实施提出了特殊要求。基于分级身份的密码机制通过身份标识产生公钥，

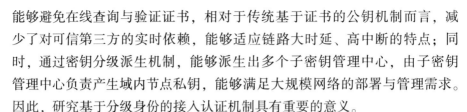

能够避免在线查询与验证证书，相对于传统基于证书的公钥机制而言，减少了对可信第三方的实时依赖，能够适应链路大时延、高中断的特点；同时，通过密钥分级派生机制，能够派生出多个子密钥管理中心，由子密钥管理中心负责产生域内节点私钥，能够满足大规模网络的部署与管理需求。因此，研究基于分级身份的接入认证机制具有重要的意义。

1）基于分级身份签名算法的 LDTN 接入认证协议。本书针对 LDTN 网络大规模、高中断的特点，设计实现基于分级身份签名算法的 LDTN 接入认证协议。在协议实现过程中，首先提出了一种分级身份签名算法，在现有同类算法中计算和通信开销最小。基于该算法设计双向认证协议，协议能够适应大规模网络环境，并且通信与计算开销小。基于标准模型与 CK 模型证明了签名算法及协议的安全性。

2）基于批验签的 LDTN 并发接入认证协议。针对网络集群用户并发接入需求，提出基于批验签的并发接入认证协议。首先，在分级身份签名算法的基础上给出批验签算法，通过轻量级点加运算代替双线性对运算，降低基站并发认证开销；其次，通过基于混合测试的错误签名筛选算法查找出批验签中的错误签名，减少 DOS 攻击威胁；最后，基于批验签与错误签名筛选算法设计实现多用户并发认证协议，实现高效并发接入。

3）可高效撤销的 LDTN 匿名接入认证方案。在上述基于分级身份的接入认证协议中，接入节点需要发送自己的身份标识等信息给接入基站。由于链路的开放性，恶意攻击者能够通过身份标识发现并跟踪接入节点。因此，在网络接入过程中，为了保护网络中重要节点的隐私性，应能够根据需求，在基于分级身份的接入认证协议基础上提供匿名接入认证方案。

一种可能的方法是接入节点向管理中心申请多个假名标识与私钥对，每次都使用不同的假名标识接入基站。由于假名标识与节点真实身份的无关联性，使得恶意节点无法获得接入节点的真实身份信息，从而保护节点的隐私。但是该机制存在的问题是，当需要撤销该节点假名标识集时，大量假名标识将导致撤销列表的体积过大，因此不适合在带宽受限的链路中传输。

针对上述问题，本书研究可高效撤销的匿名接入认证方案。通过节点假名标识集以及分级身份加密算法设计匿名认证协议，实现节点匿名认证。通过秘密陷门机制派生假名标识集，减少假名标识撤销时的通信开销，实现假名标识高效撤销。

（2）LDTN 网络广播认证机制。在 LDTN 网络中，空中飞行器可以通过低速链路获取地面传感器网络的信息，并通过高速链路将数据经卫星节点转发给后方指挥中心。通过该方法，能够有效利用 LDTN 网络的优势，提高信息传输速度。飞行器在获取传感信息之前，需要向众多无线传感器节点并发证明身份的合法性。由于无线传感器的资源有限，无法应用公钥签名方案，所以必须采用轻量级对称密钥机制实现并发接入认证机制。但是，现有的基于 μTESLA 无线传感器广播认证协议需要有固定基站周期性广播密钥包，因此不适合应用在移动式基站（例如飞行器）场景。本书针对这一问题，对 μTESLA 无线传感器广播认证协议进行了改进。

1）基于消息驱动的 μTESLA 广播认证协议。本书设计实现了基于消息驱动的 μTESLA 广播认证协议，该协议将密钥链与时间通过模运算相关联，不需要周期性广播参数包，适合飞行器等移动式基站应用场景。同时，针对 DOS 攻击及网络连通性问题，采用多层密钥链及基于 Merkle 树的参数包分发机制进一步增强协议的安全性。

2）一种新的多级 μTESLA 广播认证协议。多级 μTESLA 协议是 μTESLA 协议的改进版本，它通过多级密钥链机制解决了初始参数安全分发问题，但是其本身易受拒绝服务（Denial of Service，DOS）攻击的影响并且错误恢复时延长。本书提出一种新的多级 μTESLA 协议，减轻其分发参数包时受到 DOS 攻击的可能性，缩短了错误恢复时延，通信开销小，并且不易受网络丢包率的影响。

（3）LDTN 密钥管理与安全切换。密钥是信息安全机制的基础与核心，如果攻击者获取了密钥，则一切密码算法都将失效，因此密钥管理机制的正确实施非常重要。密钥管理涉及对密钥产生、分发、使用、更新、存储以及销毁等整个生命过程的管理。本书重点对 LDTN 网络的组密钥管理、认证密钥协商协议以及网络切换过程中的密钥安全进行研究。具体内容如下：

1）基于中国剩余定理的 LDTN 组密钥管理方案。本书针对 DTN 网络的特殊性，提出了一种基于中国剩余定理的 DTN 组密钥管理机制，组密钥服务器通过广播机制发送同余方程组的解，实现组密钥的安全更新，能够降低通信开销，且组成员的计算开销小。同时，方案具有状态无关性（stateless），不受丢包的影响。另外，针对多对多的应用场景，加入了有效时间段的概念，能够有效地减少前向安全性问题，所以适合在 LDTN 网络中应用。

2）基于分级身份的认证密钥协商协议。认证密钥协商协议用于保证通信双方身份的合法性并产生会话密钥，是安全通信的重要方法。本节设计了一种适用于大规模延迟容忍网络环境下的认证密钥协商协议，依赖基于分级身份的密码机制，通过密钥分级派生，减少系统管理瓶颈，同时消除对证书的依赖，减少协商时延。与现有通用环境下基于分级身份的同类协议相比，该协议的通信开销及双线性对计算开销较小，且均为常量，不受节点层次数影响，可扩展性更强，并且具有密钥派生控制功能。最后，在标准模型下证明了协议的安全性。

3）基于上下文传递的 LDTN 安全切换机制。在 LDTN 网络中，由于节点的高速运动，存在着切换问题。当节点移动到接入基站通信覆盖区域边缘时，需要将通信链路切换至下一跳切换基站。为了保证节点身份的持续可信性，切换基站需要对节点的身份进行认证，但是重复执行接入认证流程效率较低，易对节点切换效率造成严重影响。为了保证切换过程中的安全性与高效性，本书研究基于上下文传递的 LDTN 安全切换技术。首先，设计了一种面向临近空间浮空器的切换基站选择算法，基于多普勒频移技术预测出飞行器发生切换的时间与位置，确定切换基站；其次，利用上下文传递机制预先将认证信息（包含会话密钥）发送给切换基站，避免重复执行接入认证，保证安全切换的高效。

（4）LDTN 远程可信证明机制。可信计算通过嵌入主板的小型防篡改硬件 TPM，提供安全解决方案。远程证明是可信计算中的一个核心的功能，包括完整性度量和完整性报告两个部分，用于向远程验证方报告终端当前的安全状态。

本书利用可信计算中的远程证明机制来实现节点入网后的持续可信性。具体而言，当节点通过认证进入 LDTN 网络后，为了保证网络的安全性，基站将利用可信计算中的远程证明机制对节点的可信性及行为进行持续不间断地认证，保证节点接入网络后的安全性。同理，节点也可利用远程证明机制验证基站的可信性，实现双向可信认证。为此本书对远程证明机制进行了深入研究，针对 LDTN 的需求提出了支持批处理与支持推送模式的远程证明机制。

1）支持批处理的远程证明机制。LDTN 基站需要对接入节点发送来的远程证明请求依次进行回应，由于远程证明的验证比较耗时，当系统接收到大量请求时，必然会成为系统瓶颈，出现效率问题。本书在现有 TPM 的基础上，提出批处理方案，将短时间段内到达的请求集中进行处理，实现支持批处理的远程证明机制，解决效率问题。同时利用 Merkle 树进一步减少批处理方案中通信量增长的不足。

2）支持推送模式的远程证明机制。在网络监控应用中使用远程证明机制，能使接入基站远程监控接入节点的安全状态。但是现有远程证明机制的防重放攻击机制，使得接入节点只能被动回应整性报告，即只支持拉取模式。针对该问题，本书利用 TPM 的传输会话功能，在应用层将完整性报告与时间关联，实现支持推送模式的远程证明机制，通过定时上传和日志记录的方法实现推送模式。

# 2 LDTN 接入认证机制

接入认证技术是 LDTN 网络信息安全的重要安全防线，是确保 LDTN 安全可信可靠传输的前提。针对 LDTN 具有网络规模大、链路间歇性连通等特点，本章给出了基于分级身份签名的认证协议、基于批验签的多用户并发认证协议以及可高效撤销的匿名接入认证方案，保证节点在接入网络过程中的可信性、高效性及匿名性。

## 2.1 面向 LDTN 的接入认证机制研究现状

本节主要对接入认证技术以及并发接入认证协议的研究现状进行介绍。

### 2.1.1 接入认证技术研究现状

本节首先对现有接入认证技术进行分类，并对其优缺点进行分析。在此基础上对 LDTN 网络接入认证技术的研究现状进行介绍。

（1）接入认证协议分类。根据使用的认证密码类型，现有的接入认证协议可以分为基于对称密钥和非对称密钥两大类。基于对称密钥的认证协议需要在通信方之间事先建立好共享密钥，它又根据是否需要第三方的参与，分为基于预共享密钥和基于中心的认证方式两种；基于非对称密钥的认证协议可以分为基于证书的密码体制和基于身份的密码体制等。各种机制均有优缺点及适应场景，需要综合考虑网络环境、节点资源及任务需求等因素，选择合适的密码体系来实施网络接入认证。下面对各种类型的认证方式进行简要介绍：

1）基于预共享密钥的认证方式。在基于预共享密钥的认证方式中，认

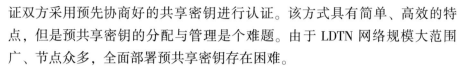

证双方采用预先协商好的共享密钥进行认证。该方式具有简单、高效的特点，但是预共享密钥的分配与管理是个难题。由于 LDTN 网络规模大范围广、节点众多，全面部署预共享密钥存在困难。

2）基于可信第三方的认证方式。在基于可信第三方的认证方式中，网络中存在着一个（或多个）所有节点都信任的可信节点，即可信第三方。所有认证节点都与可信第三方拥有一个共享密钥，节点间的认证通过可信第三方的参与完成。Kerberos 协议是一个基于可信第三方的典型认证协议。相对于基于预共享密钥的认证方式而言，基于可信第三方的认证方式具有较好的管理性与可扩展性，便于密钥的维护与更新。但是该方式存在的问题是：可信第三方成为系统的瓶颈，容易产生单点失效问题，同时对网络链路的连通性依赖较大。

3）基于证书的认证方式。基于证书的认证方式属于非对称密码认证方式，通过采用证书机制解决公钥认证问题。在基于证书的认证方式中，包含一个认证中心（Certificate Authority，CA）。CA 用于为用户颁发证书，证书中包含用户的身份及公钥等信息。用户通过自身的私钥与证书向认证方证明自己的身份。采用基于证书的认证方式，需要建立公钥基础实施（Public Key Infrastructure，PKI），PKI 中包含有 CA、证书库、密钥备份与恢复系统、证书撤销系统等。通过 PKI 机制能够自动管理密钥和证书，为用户的公钥密码使用提供支持。但是 PKI 的证书管理还存在一些缺点，例如证书撤销、发布和验证需要占用较多资源并且管理复杂，因此无法直接在 LDTN 中应用 PKI 机制。

4）基于身份的认证方式。为了避免复杂的证书管理，1984 年，Shamir 最早提出了基于身份的公钥体制（Identity Based Cryptography，IBC）。在 IBC 机制中，用户的公钥可以是用户的身份，对应的私钥则由私钥生成中心（Private Key Generator，PKG）产生，并安全的传输给用户。由于用户的身份即是其公钥，所以相对于基于证书的认证机制而言，其不需要额外通过证书机制对公钥及身份进行绑定，避免了实时在线查询及传输证书。在 IBC 机制中由于 PKG 承担着用户身份验证、私钥生成及分发等管理工作。随着 LDTN 中用户数量的增长，单一 PKG 将会成为系统管理瓶颈，同时还存在着单点失效及密钥托管等安全问题。

5）基于分级身份的认证方式。针对 IBC 机制存在密钥管理瓶颈问题，基于分级身份的密码机制（Hierarchical IBC，HIBC）在 IBC 的基础上，允许一个根 PKG 将密钥管理工作派发给低级别的子 PKG。根 PKG 仅需要为子 PKG 产生及分发私钥,由子 PKG 负责为他们底层的用户产生及分发私钥,因此使用 HIBC 能够降低密钥管理的难度,增强可扩展性。2002 年,Gentry 和 Silverberg 构造了第一个 HIBC 加密算法,其在随机预言模型下,将算法的安全性归约到双线性 Diffie-Hellman(BDH)难题。2004 年,Boneh 与 Boyen 基于 BDH 难题提出了第一个在标准模型下的 HIBC 加密方案,第一个可证明安全的 HIBC 签名方案是由 Chow 和 Hui 等提出的。目前 HIBC 机制所存在的问题是均需要多次双线性对运算,计算开销与通信开销较大。

(2)DTN 网络接入认证相关研究现状。针对延迟容忍网络环境,2007 年,Kate 等采用基于身份的密钥协商机制实现节点双向认证。但是该方法仅能工作于单一私钥生成中心环境下。在 LDTN 网络中,由于用户节点数目多、分布范围广,并且链路连通性差,容易导致系统管理瓶颈。Seth 及 Fida 等采用分级身份的密码机制实现 DTN 网络环境下的双向认证与安全传输等方案。其中在双向认证方面,2005 年,Seth 等给出了一种基于 HIBC 加密算法的认证方案——SK。但是该方案需要节点间进行三次信息交互,并且计算开销随节点层次数线性增加,至少需要 3 次双线性对运算,因此,该方案的通信与计算开销较大。

## 2.1.2 并发接入认证技术研究现状

LDTN 网络中的接入节点众多,同时由于任务需求,存在着并发接入基站的应用需求。当在短时间内有大量节点发送接入认证请求时,基站需要进行并发接入认证,以提高接入认证效率。

由于现有多用户并发接入认证机制大多基于批验签算法及错误签名筛选算法实现,所以,本书首先对批验签及错误签名筛选算法进行介绍。

(1)批验签算法的研究现状。批验签机制是指验签者能够对多个签名者的签名进行批量验签,其效率优于对其单独验签。1989 年 Fiat 首先针对 RSA 体制提出了批验签机制。1994 年,Naccache 等针对 DSA 签名算法提出了高效批验签机制,但是 Lim 等指出 Naccache 的交互式批验证机制存在安全隐患。1995 年,Laih 等提出了一种新的面向 DSA 和 RSA 的批验签机制,但是其 RSA 批验签机制随后被 Boyd 等攻破。1998 年,Bellare 等首次系统的研究了批验签机制,并给出了三种针对模指数密码机制的通用批验签方法,其中包括：随机分组测试、小指数测试方法以及分块测试。由于小指数测试方法的效率高且适应性强，所以下面主要对小指数测试方法进行介绍：

在基于模指数的签名算法中（如 RSA 等），假设需要对 $n$ 个签名进行验签，其中对第 $i$ 个签名进行验签的公式为 $y_i = g^{x_i}$，$i = 1$ to $n$。为能够同时验签多个签名，一种可能的办法是将等式两端相乘进行批量验签，即验证 $\prod_{i=1}^{n} y_i = g^{x_i}$。但是这种方法存在的一个问题是：攻击者可以伪装出两个签名：$(x_1 - a, y_1)$ 和 $(x_2 + a, y_2)$，$a$ 为一个任意数，使得批验签正确。

针对上述问题，Bellare 等提出了小指数测试方法：

假设有 $n$ 个签名需要批验签，验签者选择 $\ell_b$ 比特长度的指数 $\delta_i$，通过式 $\prod_{i=1}^{n} y_i^{\delta_i} = g^{\sum_{i=1}^{n} x_i \delta_i}$ 验证所有签名的正确性。能够证明采用小指数测试方法后接受一个错误签名的概率为 $2^{-\ell_b}$。$\ell_b$ 的比特长度为安全与效率间的权衡值（一般选取 $\ell_b = 80\text{bit}$）。

在基于 IBC 的批验签研究方面，2004 年，Yoon 等提出了一种能够支持批验签的 IBC 签名算法，2007 年，Camenisch 给出了支持批验签的 IBC 短签名算法，并进行了安全性证明。2009 年，Ferrara 等给出了多种基于身份签名、组签名、环签名等算法的批验签方法，并且通过实验对其性能进行了测试，证明了其高效性。但是上述文献并未给出基于分级身份的批验签方法。

（2）错误签名筛选算法研究现状。从上可以看出，通过批验签方法能够提高签名验证的效率，但是在签名中可能存在着错误签名，使得批验签失败。例如恶意节点发送虚假错误签名，实施拒绝服务攻击。因此需要采用机制快速将其中的错误签名筛选出来。

最简单的方法是进行独立测试，即对所有签名一一进行验签，但是该方法的效率较低，将导致验证的大时延，特别是恶意节点可以发送少量的错误签名，即可破坏批验签的高效性。为了解决该问题，相关文献给出了多种快速错误签名筛选算法，大体上可以分为通用测试技术与专用测试技术：

1）通用测试技术。通用测试技术能够应用在任何采用批验证的签名算法中，包括 RSA、DSA、IBC 等类型。其中，代表技术为组测试技术。组测试技术旨在找到一种高效的方法，能够通过少量测试即可筛选出目标样本。在批验签中，组测试的目标是快速找到大量签名中的错误签名。

目前，存在着许多组测试技术方法，但是很难找到一种通用的最佳组测试算法，需要根据具体测试对象进行选择。组测试技术可以大体分为下面四种类型：单独测试（Individual）、折半查询（Binary Search）、折半划分、Li's stage 方案。组测试技术相对于独立测试而言，提高了测试效率，但是组测试技术存在的不足是：需要在运算前预先给出错误签名的估计数值 $d_w$，并且估计值 $d_w$ 必须与实际错误签名数近似才可获取算法的最优性能。因此，组测试技术的实用性与灵活性较差，敌手能够根据算法特点进行针对性攻击。

2）专用测试技术。专用测试技术为某一类型算法进行定制设计，能够根据算法的特点进行优化，因此能够提升测试效率。目前，针对双线性对算法的错误签名检测方法大致可以分为四种：拆分攻克方法（Divide and Conquer，DC）、标识码识别方法（Identification Code Based Methods）、指数测试方法（Exponent Testing Methods）以及混合测试方法。其中，2010 年 Matt 等提出了一种混合测试方法——Triple Pruning Search（TPS），TPS 将 DC 方法、指数测试方法相结合，利用基于双线性对签名算法的运算特点，通过兄弟子树的先有知识，解决其验证问题。通过分析与实验表明，相对于其他算法而言，TPS 算法具有较高的运算效率。但是，TPS 方法仅考虑了完全聚合的签名方案，当签名方案属于不完全聚合签名时，算法的性能下降明显。

（3）多用户并发认证协议的研究现状。基于批验签技术，许多文献给出了多用户并发认证协议。1998 年，斯坦福大学的 Hovav 等基于 Fiat 的 RSA 批验签算法给出了 SSL 并发接入认证协议。2011 年，Huang 等针对车载 Ad Hoc 网络给出了匿名并发认证与密钥协商协议，但是该方案需要认证基站通过离线的方式将秘密信息分发给车辆节点的防篡改硬件模块中，因此仅适合接入基站固定且唯一的应用场景，并不适合网络分布式接入基站环境。针对 DTN 网络中捆绑层数据包认证问题，Haojin Zhu 等提出机会性批验签数据包协议，通过 Cha 的 IBC 批验签算法实现高效并发认证数据包，并提出了一种基于树的数据包片段认证算法。但是该算法仅能提供对发送数据包方的认证，无法实现对接收数据包节点的认证，且无法协商出会话密钥，后续数据传输均需要通过签名方式验证，计算与通信开销较大。Wasef 等针对车载网络中车载节点对数据包及证书的认证需求，给出了基于 IBC 机制的数据包及证书并发认证机制。但是该算法仅支持对数据认证，单次认证需要 5 个双线性对运算，计算开销较大，且仅支持单一 PKG 管理，可扩展性差。因此，它同样不适合在 LDTN 网络中应用。目前，尚未见到基于分级身份批验签的并发接入认证协议。

# 2.2 基于分级身份签名的接入认证协议

## 2.2.1 需求分析与架构设计

LDTN 网络具有规模大范围广、链路间歇性连通、节点高速运动等特点，使得传统认证机制无法直接应用，因此需要根据网络的特点研究设计认证协议。

根据使用的认证密码类型，现有的接入认证协议可以分为基于对称密钥和非对称密钥两大类。基于对称密钥的认证协议运行效率高，但是密钥的分配难度大，可管理性差，难以在网络中全面部署；在基于非对称密钥的认证协议方面：基于证书的密码体系涉及复杂证书管理过程，需要可信第三方实时在线。基于身份的密码机制（IBC）通过标识产生公钥，不需要通过证书机制对公钥及身份进行绑定，因此避免了在线传输及验证证书，能够适应间歇性链路。但是，在 IBC 中由于私钥生成中心（PKG）承担着用户身份验证、私钥生成及分发等管理工作，在大规模网络环境中单一 PKG 将成为系统管理瓶颈。

基于分级身份的密码机制（HIBC）在 IBC 的基础上，允许一个根 PKG 将密钥管理工作派发给低级别的子 PKG。根 PKG 仅需要为子 PKG 产生及分发私钥，由子 PKG 为他们底层的用户产生及分发私钥。通过使用 HIBC 能够降低密钥管理的难度，增强可扩展性。因此，在 LDTN 网络中采用 HIBC 机制具有以下优势：

（1）减少了对可信第三方的实时依赖，适应间歇性链路。HIBC 机制通过身份标识产生公钥，避免了在线传输与验证证书；同时，在 HIBC 机制中所有公共参数统一（包括系统公钥），相对于多 PKG 的 IBC 机制而言，避免了节点在线查询对方节点的公共参数。因此，HIBC 机制减少了对可信第三方的实时依赖，能够适应间歇性链路。

（2）通过密钥分级派生，满足大规模网络的部署与管理需求。LDTN 网络中节点众多，且分属于不同的管理域。因此，单一 PKG 无法满足其部署与管理需求。HIBC 机制通过密钥分级派生机制，能够派生出多个子 PKG，由子 PKG 负责管理各域内节点的认证私钥，有利于网络中节点认证私钥的分发与管理。

（3）各子 PKG 的安全性相互独立，能够满足网络不同安全防护需求。LDTN 网络中不同节点具有不同的安全级别。例如网络骨干节点的安全级别高于普通用户节点。由于 HIBC 机制中不同 PKG 的安全性相对独立，所以某一管理域中 PKG 被入侵，不会影响其他管理域中节点的安全性。

由于 LDTN 网络覆盖面积广、规模大，接入基站与接入节点分属不同的管理域，并且不同的节点拥有不同的安全级别。因此，在架构中采用分级身份密钥管理结构，实施两层 PKG 架构，如图 2-1 所示。其中第 0 层的根 PKG 执行 HIBC 系统初始化过程，产生系统主密钥以及公共参数，系统主密钥由根 PKG 保存，公共参数对外公开。根 PKG 为第 1 层的子 PKG 生成私钥，由子 PKG 负责为其所属的节点进行鉴权与私钥申请和更新等服务，同时将公共参数分发给节点。由于 HIBC 机制通过身份标识产生公钥，且所有公共参数统一。因此减少了对可信第三方的实时依赖，能够适应链路大时延、高中断的特点。

在此基础上，本书提出基于分级身份签名算法的 LDTN 接入认证协议。首先，在 2.2.2 节设计了一种高效分级身份签名算法。其次，基于该算法在 2.2.3 节设计双向认证方案，降低了认证开销。最后，基于 $h-wDBDHI^*$ 与 ECDDH 难题证明签名算法及方案的安全性，并进行性能分析与仿真实验。

## 2.2.2 签名算法设计

在现有 HIBC 签名算法（Hierarchical Identity Based Signature，HIBS）研究方面，Gentry 和 Silverberg 首次构造了第一个 HIBS 算法，但是未给出安全性证明。第一个可证明安全的 HIBS 方案是由 Chow 和 Hui 等提出的，但是该算法在随机预言模型下进行的证明，并且不是紧安全归约。李进等在随机预言模型下提出了两个新的 HIBS 算法，其在安全证明中不需要分叉引理，从而实现了紧安全性归约。Au 等提出了两种标准模型下的 HIBS 方案，

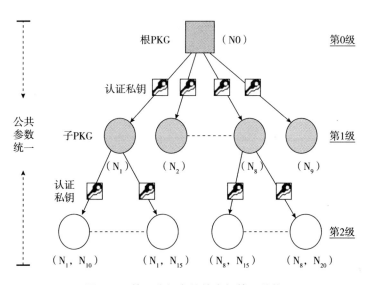

**图 2-1  基于分级身份的密钥管理结构**

但是随后 Hu 等指出这两种方案存在安全缺陷。吴青等提出了一种具有短签名的 HIBS 算法，该算法在标准模型下被证明是安全存在性不可伪造的。但是其依赖的安全模型为一般性选择 ID 安全（Generalized Selective-ID 安全），其安全性强度低于 FULL 安全。Zhang 等在标准模型下，提出了一种 FULL 安全的 HIBS 算法，算法能够归约到 q-SDH 难题假设。但是，该算法验签时需要 4 次双线性对运算，并且签名包含 6 个群元素，计算与通信开销较大。

针对上述问题，本节设计一种适应于网络环境下的分级身份签名算法，其签名元素及双线性对计算次数均为两个，在现有 HIBS 算法中效率最优，并且能够证明算法在标准模型下 FULL 安全。

（1）相关定义。

1）双线性对定义。

**定义 2-1**  令群 $G$，$G_T$ 的阶 $p$ 为一个大素数。双线性对 $e$：$G \times G \rightarrow G_T$ 具有以下性质：

①双线性（Bilinear）：$\forall (P_1, P_2) \in G \times G$，且 $\forall (a, b) \in \mathbb{Z}_p \times \mathbb{Z}_p$，满足 $e(aP_1, bP_2) = e(P_1, P_2)^{ab}$。

②非退化性（Non-degenerate）：令 $g$ 是 $G$ 的一个生成元，满足 $e(g, g) \neq 1$。

③可计算性（Computable）：$\forall (P_1, P_2) \in G \times G$，存在着多项式时间算法能够计算出 $e(P_1, P_2)$。

2）基于分级身份的签名方案定义。在基于分级身份的签名中，用户的身份标识 $ID$ 通过向量表示。例如一个级数为 $k$ 的用户标识可以表示为 $ID = (ID_1, ID_2, \cdots, ID_k)$，其中 $k \leqslant h$，$h$ 为系统最大级数。

一个 HIBS 方案由以下四个步骤组成：

系统建立：输入安全参数，PKG 生成 <msk, param>。其中 msk 为主密钥，param 为公共参数。

私钥生成：输入一个身份标识向量 $ID = (ID_1, ID_2, \cdots, ID_k)$，上层用户 $ID' = (ID_1, ID_2, \cdots, ID_{k-1})$ 的私钥 $d_{ID'}$，返回 $ID$ 所对应的私钥 $d_{ID}$。

签名：输入签名者的身份 $ID$、$d_{ID}$ 以及消息 $M$，返回签名 $\sigma$。

验签：输入签名者的身份标识向量 $ID$，消息 $M$ 以及签名 $\sigma$，返回 $\sigma$ 的正确性。

3）计算复杂性假定。本方案的安全性基于 h-wDBDHI$^*$ 计算复杂性难题，其难题定义如下：

**定义 2-2**  h-wDBDHI$^*$ 难题：给定 $P, Q, \alpha P, \alpha^2 P, \cdots, \alpha^h P \in G$，计算 $e(P, Q)^{\alpha^{h+1}}$。

4）基于分级身份的签名方案的安全性定义。HIBS 的自适应选择身份及选择消息的存在性不可伪造安全通过以下定义：

①私钥查询 KEO（$ID$）：输入 $ID$（$|ID| \leqslant \ell$），返回对应的私钥 $d_{ID}$。

②签名查询 SO（$ID$, $M$）：输入签名者 $ID$、消息 $M$，返回签名 $\sigma$。

③游戏定义如下：

（阶段1）系统建立：模拟器 B 产生系统参数 param，并发送给 A。

（阶段2）查询：A 可以任意查询 KEO（$ID$）及 SO（$ID$, $M$）。

（阶段3）签名伪造：A 返回一个签名者 $ID^*$ 对消息 $M^*$ 的签名 $\sigma^*$，并且 A 没有对 $ID^*$ 及其前缀查询过 KEO，也没有通过 SO 输出过 $\sigma^*$。

如果 A 能够输出正确的签名 $\sigma^*$，则 A 赢得了游戏。

**定义 2-3**  称一个 HIBS 方案是（$\varepsilon, t, q_e, q_s$）安全的，那么在多项式时间 $t$ 内，任何敌手在上面的游戏中进行了至多 $q_e$ 次私钥查询和 $q_s$ 次签名查询后，其获胜的概率仍然可以忽略。

（2）签名算法。算法描述如下，包括系统初始化、私钥生成、签名及验签四个步骤。

1）系统初始化。令群 $G$，$G_T$ 的阶为 $p$，$p$ 为一个大素数，定义双线性对 $e：G \times G \to G_T$。根 PKG 选择 $\alpha \in_R \mathbb{Z}_p$，$P \in_R G$，设置 $P_1 = \alpha P$，随机选取 $P_2$，

$P_m$，$P_{m'} \in G$；从群 $G$ 中随机选取两个 $h$ 维向量 $\overrightarrow{P_u} = (P_{u,1}, \cdots, P_{u,h})$，$\overrightarrow{P_{u'}} = (P_{u',1}, \cdots, P_{u',h})$。主密钥为 $\alpha P_2$，由根 PKG 秘密保存。公开参数 <$P$，$P_1$，$P_2$，$P_m$，$P'_m$，$\overrightarrow{P_u}$，$\overrightarrow{P_{u'}}$> 由 PKG 通过安全的方式分发给用户。

2）私钥生成。用户 $ID = (ID_1, ID_2, \cdots, ID_k)$ 的私钥可以通过两种方法产生，一种是通过根 PKG 产生，另一种是通过用户的父亲节点 $ID' = (ID_1, ID_2, \cdots, ID_{k-1})$ 为其代理产生（为后续描述方便，我们定义父亲节点为子 PKG）。下面对其分别描述：

①由根 PKG 产生。

给定一个用户的身份 $ID = (ID_1, ID_2, \cdots, ID_k)$。令 $V_i = P_{u,i} + ID_i P_{u',i}$，根 PKG 随机选取 $r \in \mathbb{Z}_p$，生成私钥 $d = (d_0, d_1, \tau, v, A_{k+1}, \cdots, A_h, B_{k+1}, \cdots, B_h) = (\alpha P_2 + r(\sum_{i=1}^{k} V_i), rP, rP_m, rP_{m'}, rP_{u,k+1}, \cdots, rP_{u,h}, rP_{u',k+1}, \cdots, rP_{u',h})$。根 PKG 将私钥 $d$ 发送给用户。

②由子 PKG 节点产生。

用户私钥还可以通过其所属的子 PKG 节点（即父亲节点）产生。令用户 $ID$ 的子 PKG 节点身份标识为 $(ID_1, ID_2, \cdots, ID_{k-1})$，对应的私钥 $d' = (d'_0, d'_1, \tau', v', A'_k, \cdots, A'_h, B'_k, \cdots, B'_h)$。选取一个随机数 $t \in \mathbb{Z}_P$，用户 $ID$ 的私钥生成如下：

$$d_0 = d'_0 + A'_k + ID_k B'_k + t \sum_{i=1}^{k} V_i, \ d_1 = d'_1 + tP,$$

$$\tau = \tau' + tP_m, \ v = v' + tP_{m'},$$

$$A_i = A'_i + tP_{u,i}, \ B_i = B'_i + tP_{u',i},$$

其中，$k+1 \leq i \leq h$。

3）签名。假设用户 $ID = (ID_1, ID_2, \cdots, ID_k)$ 对消息 $m$ 签名，其相应的私钥是 $d = (d_0, d_1, \tau, v, A_{k+1}, \cdots, A_h, B_{k+1}, \cdots, B_h) = (\alpha P_2 + r(\sum_{i=1}^{k} V_i), rP, rP_m, rP_{m'}, rP_{u,k+1}, \cdots, rP_{u,h}, rP_{u',k+1}, \cdots, rP_{u',h})$。令 $W = P_m + mP_{m'}$，随机选取 $s \in \mathbb{Z}_p$，计算签名为 $\sigma = (S_1, S_2)$，其中：

$$
\begin{aligned}
S_1 &= d_0 + \tau + mv + s(\sum_{i=1}^{k} V_i + W) \\
&= \alpha P_2 + (r+s)(\sum_{i=1}^{k} V_i) + \tau + mv + sW \\
&= \alpha P_2 + r'(\sum_{i=1}^{k} V_i) + rP_m + rmP_{m'} + sW \\
&= \alpha P_2 + r'(\sum_{i=1}^{k} V_i) + rW + sW
\end{aligned}
$$

$$= \alpha P_2 + r' \left( \sum_{i=1}^{k} V_i + W \right)$$

$$S_2 = d_1 + sP = r'P,$$

其中，$r' = r + s$。

用户发送签名 $\sigma$ 给验证方。

4）验签。验证方收到签名 $\sigma$ 后，通过下式进行验证：

$$e(P, S_1) = e(P_1, P_2) e \left( \sum_{i=1}^{k} V_i + W, S_2 \right) \tag{2-1}$$

正确性证明：

$$e(P, S_1) = e \left( P, \alpha P_2 + r' \left( \sum_{i=1}^{k} V_i + W \right) \right)$$

$$= e(P, \alpha P_2) e \left( P, r' \left( \sum_{i=1}^{k} V_i + W \right) \right)$$

$$= e(P_1, P_2) e \left( \sum_{i=1}^{k} V_i + W, S_2 \right)$$

## 2.2.3 接入认证协议设计

当移动终端节点（Mobile Node，MN）到达接入基站（Based Station，BS）通信覆盖范围时，进行接入认证。接入认证通过 HIBS 签名算法实现双向身份认证，并通过椭圆曲线 DH（Elliptic Curve Diffie-Hellman，ECDH）密钥交换算法协商出会话密钥。协议流程如图 2-2 所示，具体认证过程如下：

（1）移动终端 MN 随机选取 $r_{MN} \in Z_p$，计算 ECDH 密钥交换参数 $R_{MN} = r_{MN}P$，对自己的身份标识 $ID_{MN}$、接入基站标识 $ID_{BS}$、$R_{MN}$ 以及当前时间戳 $TS_{MN}$ 进行签名获 $\sigma_{MN}$，$\sigma_{MN} = SIG(ID_{MN}, ID_{BS}, R_{MN}, TS_{MN}) = \langle S_{MN,1}, S_{MN,2} \rangle$。MN 节点发送 $\langle ID_{MN}, ID_{BS}, R_{MN}, TS_{MN}, \sigma_{MN} \rangle$ 给接入基站 BS 节点。

（2）接入基站 BS 节点收到认证请求后，首先通过 $\Delta t \leqslant TS_{B\_now} - TS_{MN}$ 验证 $TS_{MN}$ 的时效性，其中 $TS_{B\_now}$ 表示基站当前时间，$\Delta t$ 为传输时延阈值。之后通过式（2-1）验证签名 $\sigma_{MN}$ 的正确性。若正确，则通过对 MN 节点的认证。

（3）为实现双向认证，BS 节点随机选取 $r_{BS} \in \mathbb{Z}_p$，计算 ECDH 密钥交换参数 $R_{BS} = r_{BS}P$，并对自己的身份标识 $ID_{BS}$、终端身份标识 $ID_{MN}$、$R_{BS}$ 以及当前时间戳 $TS_{BS}$ 进行签名获得 $\sigma_{BS}$，$\sigma_{BS} = SIG(ID_{BS}, ID_{MN}, R_{BS}, TS_{BS}) = \langle S_{BS,1}, S_{BS,2} \rangle$。BS 节点发送消息 $\langle ID_{BS}, ID_{MN}, R_{BS}, TS_{BS}, \sigma_{BS} \rangle$ 给 MN 节点。此时，BS 节点能够计算出共享会话密钥 $K_{BS,MN} = r_{BS}R_{MN} = r_{BS}r_{MN}P$。

（4）MN 节点收到 BS 的消息后，通过 $\Delta t \leqslant TS_{M\_now} - TS_{BS}$ 验证 $TS_{BS}$ 的时效性，其中 $TS_{M\_now}$ 表示节点当前时间。通过签名验证 BS 的合法性，若正确，则计算会话密钥 $K_{MN,BS} = r_{MN}R_{BS} = r_{MN}r_{BS}P$。

至此，MN 与 BS 完成接入认证过程，BS 允许 MN 接入网络，双方使用会话密钥保证后续通信的安全性。

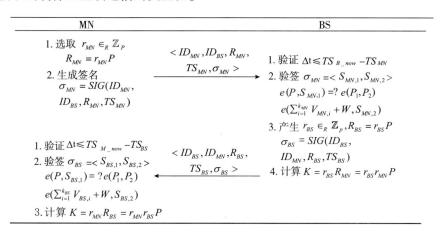

图 2-2　基于分级身份签名算法的接入认证协议

## 2.2.4　安全性证明

由于认证协议中节点身份的可信性主要通过 HIBS 签名算法保证，因此本节基于可证明理论对 HIBS 算法的安全性进行证明。另外，基于 CK 安全模型，证明协议中的密钥协商过程在非认证性链路模型下是会话密钥安全的。

首先基于 h-wDBDHI* 难题，在标准模型下证明本书提出的 HIBS 算法在选择消息攻击（Chosen Message Attack，CMA）下是存在性不可伪造（Existentially Unforgeability，EU）的。

**定理 2-1**　假设 $(\varepsilon', t')$ h-wDBDHI* 难题成立，则 HIBS 方案是 $(\varepsilon, t, q_e, q_s)$ -EU-CMA 安全的，其中：

$$\varepsilon' = \frac{\varepsilon}{16[4(q_e + q_s)(1 + n_u)]^h q_s(1 + n_m)}$$

$$t' = t + O((q_e + q_s)\rho + k(q_e + q_s)\tau)$$

注：$q_e$ 为私钥查询次数，$q_s$ 为签名查询次数，$\rho$ 为加法运算时间，$\tau$ 为乘法运算时间，$n_u$，$n_m$ 分别为用户身份分量 $ID_i$ 与消息的长度。

**证明**：假设存在着一个攻击者 A 能够以 $(\varepsilon, t, q_e, q_s)$ 的概率成功伪造签名，则能够基于 A 构造一个算法 B 以不小于 $\varepsilon'$ 的概率，在时间 $t'$ 内解决 h-wDBDHI$^*$ 问题。

给定算法 B 一个元素组 $(P, Q, Y_1, Y_2, \cdots, Y_h)$，其中 $Y_i = \alpha^i P$，$\alpha \in_R \mathbb{Z}_P^*$。B 构造模拟算法如下：

**系统初始化**：B 设置 $2(q_e + q_s) \leq l_u \leq 4(q_e + q_s)$，$2q_s \leq l_m \leq 4q_s$，并且假设对于任意 $l_u$，$l_m$ 都有 $l_u(2^{n_u}+1) < p$，$l_m(2^{n_m}+1) < p$。选择 $u_1, \cdots, u_h \in_R \mathbb{Z}_{l_u}, x_1, \cdots, x_h \in_R \mathbb{Z}_{l_u}, v_1, \cdots, v_h \in_R \mathbb{Z}_p, y_1, \cdots, y_h \in_R \mathbb{Z}_p$。类似选取 $u', x' \in_R \mathbb{Z}_{l_m}, v', y' \in_R \mathbb{Z}_p$。$k_i \in_R \{0, \cdots, n_u\}, k' \in_R \{0, \cdots, n_m\}$。

对于 $1 \leq i \leq h$，定义函数：

$$F_i(ID_i) = p + l_u k_i - u_i - x_i ID_i,$$

$$J_i(ID_i) = v_i + y_i ID_i,$$

$$I_i(ID_i) = u_i + x_i ID_i \bmod l_u,$$

相应地，定义函数：

$$K(m) = p + l_m k' - u' - x'm,$$

$$L(m) = v' + y'm,$$

$$Q(m) = u' + x'm \bmod l_m,$$

令 $P_1 = Y_1$，$P_2 = Y_h + yP$，$y \in_R \mathbb{Z}_p$，相应地：

$$P_m = (p + l_m k' - u')Y_1 + v'P,$$

$$P_{m'} = -x'Y_1 + y'P,$$

$$P_{u,i} = (p + l_u k_i - u_i)Y_{h-i+1} + v_i P,$$

$$P_{u',i} = -x_i Y_{h-i+1} + y_i P,$$

其中，$1 \leq i \leq h$。

发送公共参数 $<P, P_1, P_2, P_m, P'_m, \overrightarrow{P_u}, \overrightarrow{P_{u'}}>$ 给 A，主密钥 $\alpha P_2$ 对 B 是不可知的。从 A 的视角看，公开参数合法。通过上述定义可以看出：

$$V_i = P_{u,i} + ID_i P_{u',i} = F_i(ID_i)Y_{h-i+1} + J_i(ID_i)P,$$

$$W = P_m + mP_{m'} = K(m)Y_1 + L(m)P$$

**查询**：攻击者 A 允许进行私钥查询 KEO (ID) 及签名查询 SO (ID,

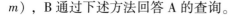

$m$)，B 通过下述方法回答 A 的查询。

**–KEO**（$ID$）：假设查询的 $ID = (ID_1, \cdots, ID_k)$，如果 $\forall i \in \{1, \cdots, k\}$，$F_i(ID_i) = 0 \bmod p$，则 B 报错退出。反之，若 $\exists i \in \{1, \cdots, k\}$，$F_i(ID_i) \neq 0 \bmod p$，并且 $i$ 为第一个使得 $F_i(ID_i) \neq 0 \bmod p$ 的数，则 B 选择一个随机数 $t \in \mathbb{Z}_p$，计算：

$$d_{0|i} = -\frac{J_i(ID_i)}{F_i(ID_i)}Y_i + yY_1 + t(F_i(ID_i)Y_{h-i+1} + J_i(ID_i)P)$$

$$= \alpha P_2 + rV_i$$

$$d_1 = tP - F_i^{-1}(ID_i)Y_i = (t - \frac{a^i}{F_i(ID_i)})P = rP$$

其中，$r = t - \dfrac{\alpha^i}{F_i(ID_i)}$。

为计算出有效的 $d_0$，还需要计算出 $rV_j$，$j \in \{1, \cdots, k\} \backslash \{i\}$，具体计算如下：

$$rV_j = (t - \frac{\alpha^i}{F_i(ID_i)})[F_j(ID_j)Y_{h-j+1} + J_j(ID_j)P]$$

$$= t[F_j(ID_j)Y_{h-j+1} + J_j(ID_j)P] -$$

$$\frac{1}{F_i(ID_i)}[F_j(ID_j)Y_{h-j+1+i} + J_j(ID_j)Y_i]$$

在上式中，当 $j < i$ 时，$F_j(ID_j) = 0$，B 能够计算出 $rV_j$；当 $j > i$ 时，$h - j + 1 + i \leqslant h$，B 能够计算出 $Y_{h-j+1+i}$，同样可以计算出 $rV_j$。所以，B 获得

$$d_0 = d_{0|i} + \sum_{j \in \{1, \cdots, k\} \backslash \{i\}} rV_j = \alpha P_2 + r(\sum_{i=1}^{k} V_i)$$

采用与 $rV_j$ 相同的方法，能够计算出 $rP_m$，$rP_{m'}$，$rP_{u,j}$，$rP_{u',j}$，$k < j \leqslant h$。

最终，B 能够生成私钥 $d = (\alpha P_2 + r(\sum_{j=1}^{k}V_j)$，$rP, rP_m, rP_{m'}, rP_{u,k+1}, \cdots,$ $rP_{u,h}, rP_{u',k+1}, \cdots, rP_{u',h})$。可以看出 $d$ 满足正确的分布，对于攻击者 A 是有效的。

另外，在上述模拟过程中，当且仅当 $\exists i \in \{1, \cdots, k\}$，$F_i(ID_i) \neq 0 \bmod p$ 时，B 能够模拟产生用户私钥。为了后续分析方便，令 B 仅在 $\exists i \in \{1, \cdots, k\}$，$I_i(ID_i) \neq 0 \bmod l_u$ 的情况下产生私钥（能够证明当 $I_i(ID_i) \neq 0 \bmod l_u$ 时，$F_i(ID_i) \neq 0 \bmod p$）。

**–SO**（$ID$，$m$）：如果 $\exists i \in \{1, \cdots, k\}$，$I_i(ID_i) \neq 0 \bmod l_u$，B 通过 KEO 查询

产生 ID 的私钥,使用签名算法产生一个签名。反之,如 $\forall i \in \{1,\cdots,k\}$, $I_i(ID_i) = 0 \bmod l_u$,且 $K(m) = 0 \bmod p$,B 报错退出。若 $\forall i \in \{1,\cdots,k\}$, $I_i(ID_i) = 0 \bmod l_u$,且 $K(m) \neq 0 \bmod p$,则 B 选取一个随机数 $s \in \mathbb{Z}_p$,计算:

$$S_{1,m} = -\frac{L(m)}{K(m)}Y_h + yY_1 + s(K(m)Y_1 + L(m)P)$$

$$= \alpha P_2 + r'W$$

其中,$r' = s - \dfrac{\alpha^h}{K(m)}$。

下面计算 $r'V_i, i \in \{1,\cdots,k\}$。

$$r'V_i = \left[ s - \frac{\alpha^h}{K(m)} \right] V_i = \left[ s - \frac{\alpha^h}{K(m)} \right] J_i(ID_i)P$$

$$= s \cdot J_i(ID_i)P - \frac{1}{K(m)} \left[ J_i(ID_i)Y_h \right]$$

因此可以计算出签名 $\sigma = (S_1, S_2)$:

$$S_1 = S_{1,m} + \sum_{i \in \{1,\cdots,k\}} r'V_i = \alpha P_2 + r'\left( \sum_{i=1}^{k} V_i + W \right),$$

$$S_2 = sP - K^{-1}(m)Y_h = \left( s - \frac{a^h}{K(m)} \right)P = r'P$$

对于 A 来说,$\sigma$ 是一个合法的签名。

与 KEO 查询类似,为了方便分析,用 $Q(m) \neq 0 \bmod l_m$ 代替 $K(m) \neq 0 \bmod p$,即当 $\exists i \in \{1,\cdots,k\}$,使得 $I_i(ID_i) \neq 0 \bmod l_u$ 或者 $Q(m) \neq 0 \bmod l_m$ 时,B 能够产生签名(能够证明当 $Q(m) \neq 0 \bmod l_m$ 时,$K(m) \neq 0 \bmod p$)。

**签名伪造**:如果在上述一系列查询中 B 没有退出,则 A 将能够以不小于 $\varepsilon$ 的概率伪造出一个用户 $ID^* = (ID_1^*, \cdots, ID_k^*)$ $(0 < k \leqslant h)$ 对消息 $m^*$ 的签名 $\sigma^* = (S_1^*, S_2^*)$。如果 $\exists i \in \{1,\cdots,k\}$,$F_i(ID_i^*) \neq 0 \bmod p$,或者 $K(m^*) \neq 0 \bmod p$,则 B 报错退出。否则,B 计算:

$$S_3^* = S_1^* - S_2^* \cdot \left( \sum_{i=1}^{k} J_i(ID_i) + L(m) \right) = \alpha P_2,$$

$$e(S_3^*, Q)/e(Y_1, yQ) = e(\alpha P_2, Q)/e(\alpha P, yQ)$$

$$= e(P, Q)\alpha^{h+1}$$

下面分析 B 不会退出的概率。

要使上述模拟过程不退出,则需要在 KEO 查询中,存在着一个 $i \in \{1,\cdots,k\}$,使得 $I_i(ID_i) \neq 0 \bmod l_u$;在 SO 查询中,存在着一个 $i \in$

$\{1,\cdots,k\}$，$I_i(ID_i)\neq 0 \bmod l_u$ 或者 $Q(m)\neq 0 \bmod l_m$；在签名伪造时对于所有的 $i\in\{1,\cdots,k\}$，$F_i(ID_i^*)=0 \bmod p$，并且 $K(m^*)=0 \bmod p$。

为了使分析简单，仅计算 B 不退出的一个子集。将 SO 查询分为两个部分：一部分为查询中包含挑战用户身份 $ID^*$，另一部分为查询中不包含挑战用户身份 $ID^*$。为方便计算，在计算中忽略在 $SO(ID,m)$ 中 $\forall i\in\{1,\cdots,k\}$，$I_i(ID_i)=0 \bmod l_u$，且 $Q(m)\neq 0 \bmod l_m$ 的情况。

相应的定义事件 $A_i$，$A^*$，$B_i$，$B^*$ 如下：

$$A_i: \bigvee_{s=1}^{k_i} I_s(ID_s^i)\neq 0 \bmod l_u,$$

$$A^*: \bigwedge_{s=1}^{k^*} F(ID_s^*)=0 \bmod p,$$

$$B_i: Q(m_i)\neq 0 \bmod l_m,$$

$$B^*: K(m^*)=0 \bmod p$$

令 $ID^1,\cdots,ID^{q_I}$ 为出现在 KEO 查询及 SO 查询中的用户标识，其查询中不包含挑战用户 $ID^*$。令 $m^1,\cdots,m^{q_M}$ 为在 SO 查询中涉及挑战用户 $ID^*$ 的消息。可以看出，$q_I\leq q_e+q_s$，$q_M\leq q_s$。

根据上述分析，B 不会退出的概率为：

$$\Pr[\neg\, abort]\geq \Pr[\bigwedge_{i=1}^{q_I} A_i\wedge A^*\wedge\bigwedge_{j=1}^{q_M} B_j\wedge B^*]$$

根据定义可知事件 $(\bigwedge_{i=1}^{q_I} A_i\wedge A^*)$ 与 $(\bigwedge_{j=1}^{q_M} B_j\wedge B^*)$ 相互独立，因此可以分别计算两个事件的概率。首先计算 $\Pr[\bigwedge_{i=1}^{q_I} A_i\wedge A^*]$ 的概率。根据前提假设可以得到，如果 $I_i(ID_i^*)=0 \bmod l_u$，则存在着唯一的一个 $k^*,0\leq k^*\leq n_u$，使得 $F_i(ID_i^*)=0 \bmod p$，因此可以获得：

$$\Pr[A^*]=\Pr[(\bigwedge_{l=1}^{k^*} F_l(ID_l^*)=0 \bmod p)\wedge(\bigwedge_{l=1}^{k^*} I_l(ID_l^*)=0 \bmod l_u)]$$

$$=\Pr[\bigwedge_{l=1}^{k} I_l(ID_l^*)=0 \bmod l_u]\Pr[\bigwedge_{l=1}^{k} F_l(ID_l^*)=0 \bmod p\mid\bigwedge_{l=1}^{k} I_l(ID_l^*)$$

$$=0 \bmod l_u]=\frac{1}{(l_u)^k}\Pr[\bigwedge_{l=1}^{k} F_l(ID_l^*)=0 \bmod p\mid\bigwedge_{l=1}^{k} I_l(ID_l^*)$$

$$=0 \bmod l_u]\geq\frac{1}{(l_u(1+n_u))^k}$$

$$\Pr[\bigwedge_{i=1}^{q_I} A_i\mid A^*]=1-\Pr[\bigvee_{i=1}^{q_I}\neg A_i\mid A^*]$$

$$\geqslant 1 - \sum_{i=1}^{q_I} \Pr[\neg A_i \mid A^*]$$

$$\geqslant 1 - \frac{q_I}{(l_u)^k}$$

因此，可以计算出

$$\Pr\Big[\bigwedge_{i=1}^{q_I} A_i \wedge A^*\Big] = \Pr[A^*]\Pr\Big[\bigwedge_{i=1}^{q_I} A_i \mid A^*\Big]$$

$$\geqslant \left(1 - \frac{q_I}{(l_u)^k}\right)\frac{1}{(l_u(1+n_u))^k}$$

$$> \left(1 - \frac{q_e+q_s}{[2(q_e+q_s)]^k}\right)\frac{1}{(4(q_e+q_s)(1+n_u))^h}$$

$$\geqslant \frac{1}{2(4(q_e+q_s)(1+n_u))^h}$$

同理可证：

$$\Pr\Big[\bigwedge_{i=1}^{q_M} B_i \wedge B^*\Big]$$

$$= \Pr[B^*]\Pr\Big[\bigwedge_{i=1}^{q_M} B_i \mid B^*\Big]$$

$$\geqslant \left(1 - \frac{q_M}{l_m}\right)\frac{1}{l_m(1+n_m)}$$

$$\geqslant \left(1 - \frac{q_s}{2q_s}\right)\frac{1}{4q_s(1+n_m)}$$

$$= \frac{1}{8q_s(1+n_m)}$$

最终，能够计算出

$$\Pr[\neg abort] \geqslant \Pr\Big[\bigwedge_{i=1}^{q_I} A_i \wedge A^*\Big]\Pr\Big[\bigwedge_{j=1}^{q_M} B_j \wedge B^*\Big]$$

$$\geqslant \frac{1}{16[4(q_e+q_s)(1+n_u)]^h q_s(1+n_m)}$$

算法 B 的时间复杂度由 KEO 查询及 SO 查询中的加法与乘法运算决定，在 KEO 及 SO 查询中，均有 $o(1)$ 次加法运算，$o(k)$ 次乘法运算，因此 B 的时间复杂度为：

$$t' = t + O((q_e+q_s)\rho + k(q_e+q_s)\tau)$$

定理 2-1 证明完毕。

**定理 2-2** 假设 ECDDH 难题及 h-wDBDHI* 难题成立，则本认证协议中的密钥协商过程在非认证性链路模型（UM）下为会话密钥安全。

**证明：** 首先，在认证性链路模型（AM）下给出本书的独立认证方案，如图 2-3 所示。可以看出本方案利用 $R_{MN}$、$R_{BS}$ 实现两方椭圆曲线 DH 密钥交换算法，因此能够证明在 ECDDH 难题假设下，本方案在 AM 模型下是会话密钥安全的。

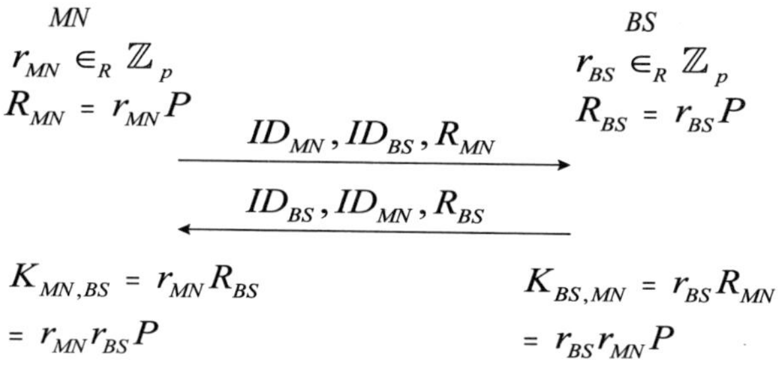

$$MN \qquad\qquad\qquad\qquad\qquad\qquad BS$$
$$r_{MN} \in_R \mathbb{Z}_p \qquad\qquad\qquad\qquad\qquad r_{BS} \in_R \mathbb{Z}_p$$
$$R_{MN} = r_{MN}P \qquad\qquad\qquad\qquad R_{BS} = r_{BS}P$$
$$\xrightarrow{\quad ID_{MN}, ID_{BS}, R_{MN} \quad}$$
$$\xleftarrow{\quad ID_{BS}, ID_{MN}, R_{BS} \quad}$$
$$K_{MN,BS} = r_{MN}R_{BS} \qquad\qquad\qquad K_{BS,MN} = r_{BS}R_{MN}$$
$$= r_{MN}r_{BS}P \qquad\qquad\qquad\qquad = r_{BS}r_{MN}P$$

**图 2-3　AM 模型中独立认证方案**

其次，由定理 2-1 可知，基于 h-wDBDHI* 难题假设，本书的 HIBS 算法在选择消息攻击下是安全的，所以能够通过本书的 HIBS 算法构造出一个基于时戳签名的认证器 $\lambda_{sig}^{Time}$。

最后，应用 $\lambda_{sig}^{Time}$ 将 AM 方案转换成非认证性链路模型（UM）下的安全方案，即可获得本书的接入认证协议，因此能够证明接入认证协议在 UM 中是会话密钥安全的。

定理 2-2 证明完毕。

## 2.2.5　性能分析与仿真实验

下面将对签名算法及协议的性能进行分析比较，并通过仿真实验对协议的认证成功率进行验证。

（1）签名算法性能分析与比较。将本书所设计的 HIBS 算法与现有同类型算法的性能进行分析比较，如表 2-1 所示，其中 $T_p$ 为双线性对计算开销，$T_m$ 为群 $G$ 上乘法运算开销，$T_e$ 为群 $G_T$ 上幂运算开销，$\ell$ 为相关算法系统参数。在安全证明中，/表示无证明，RO 表示随机预言，sID 表示 Selective-ID

安全，GsID 表示 Generalized Selective-ID 安全，FULL 表示完全安全，各模型的安全性依次增加。

从表中可以看出本算法的签名长度为固定的两个群元素，且验签时仅需要两次双线性对运算（$e(P_1, P_2)$ 为固定值，可提前计算）。为能够更清楚比较算法的性能，根据相关实验设置 $T_p = 21T_m, T_e = 3T_m$，并假设 $k=\ell=2$，在合计中给出了所有算法签名与验签的计算总开销，单位为 $T_m$，可以看出本算法的计算开销与签名长度最优，并且在 FULL 模型下进行了证明，安全性高。

表 2-1　分级身份签名算法性能对比

| 算法 | 计算开销 | | | 算法长度 | | | 安全模型 | 是否RO |
|---|---|---|---|---|---|---|---|---|
| | 签名 | 验签 | 合计* | 公共参数长度 | 私钥长度 | 签名长度 | | |
| GS | $(k+1)T_m$ | $(k+2)T_p$ | 87 | 4 | $k$ | $k+1$ | / | / |
| LZW-1 | $2T_m$ | $(k+2)T_p+kT_m$ | 88 | $3+h$ | $k+1$ | $k+2$ | sID | 是 |
| LZW-2 | $2T_m$ | $3T_p+kT_m$ | 67 | $3+h$ | $2+(h-k)$ | 3 | sID | 是 |
| CHYC | $(k+2)T_m$ | $(k+2)T_p+(k+1)T_m$ | 91 | $3+h$ | $k+1$ | $k+2$ | sID | 否 |
| WZH | $(\ell+2)T_m$ | $3T_p+(k+1)\ell T_m$ | 73 | $5+(h+1)*\ell$ | $2+(h-k)$ | 3 | GsID | 否 |
| ZHW | $(\ell+3)T_m$ | $4T_p+(k+\ell+3)T_m+T_e$ | 99 | $3+h+\ell$ | $4+(h-k)$ | 6 | FULL | 否 |
| 本书算法 | $4T_m$ | $2T_p+(k+1)T_m$ | 49 | $5+2h$ | $4+2(h-k)$ | 2 | FULL | 否 |

注：* 表示假设 $k=2, \ell=2$。

需要注意的是，本算法的系统公开参数及用户私钥长度大于现有同类算法，但是由于系统公开参数及私钥通过离线方式分发，所以对在线认证性能无影响，主要影响节点的存储资源。令群 $G$ 元素长度为 32Byte。当 $h = 3$，$k = 2$ 时，则公开参数与私钥的存储开销共计 544Byte。由于节点（如车辆、飞行器等）存储资源相对充足，所以对节点性能影响较小。

（2）协议性能分析与仿真实验。

1）协议性能分析。下面将本书认证协议与基于分级身份的同类型认证协议 SK 进行分析与比较。SK 协议采用斯坦福大学 Craig Gentry 等的 HIBC 加密算法实现接入认证。

　　各协议的性能比较如表 2-2 所示，假设 $k=2$。可以看出本书协议的通信开销为 2 次，而 SK 方案则为 3 次。同时，本协议计算效率高于 SK 协议 25%。因此，本协议的通信与计算效率更优，更适合链路连通时间短暂的 LDTN 网络环境。

表 2-2　接入认证协议的性能比较

| 方案 | 通信次数 | 计算开销 |
|---|---|---|
| SK | 3 | $3T_p+6T_m=68T_m$ |
| 本协议 | 2 | $2T_p+9T_m=51T_m$ |

　　2）仿真实验。采用 OPNET 仿真工具对 SK 方案及本书方案进行仿真与性能比较。仿真环境为 $5km^2$ 的区域内设置 70 个 MN 节点以及 30 个 BS 节点，节点层次数 $k$ 为 2。节点运动模型为 Random Way Point，通信半径为 200m，运动速度范围为 $10\sim35m/s$。MN 节点与其通信范围内相遇的 BS 节点随机发起认证协议。仿真实验主要比较认证成功率，既认证成功的次数与总认证次数之比。

　　图 2-4 为不同节点移动速度下，认证成功率的比较。可以看出：随着节点移动速度的增加，两种方案的认证成功率均有所下降，其主要原因是节点的快速移动导致链路连接易中断，从而认证失败。但是，本书方案的认证成功率下降较慢，其原因是本方案仅需交互两次消息，且计算开销较小，而 SK 协议由于通信与计算开销均较大，所以成功率低。

　　通过仿真实验可以看出，本书所提出的认证方案在 LDTN 中应用时，其认证成功率优于现有 SK 方案。

# 2.3　基于批验签的并发接入认证协议

　　本节提出基于批验签的多用户并发接入认证方案，通过 HIBS 批验签算

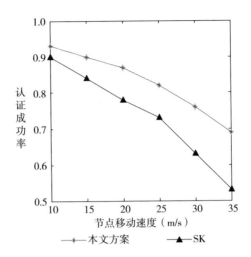

图 2-4  不同节点移动速度下，认证成功率比较

法与基于混合测试的错误签名筛选算法提高基站的并发认证处理能力。

## 2.3.1  设计思路

LDTN 网络中接入节点众多，当短时间内有大量的接入认证请求到达时，基站需要进行并发接入认证。具体的并发接入认证需求有以下几种情况：

（1）集群节点编队移动：根据 LDTN 网络节点的类型或者执行任务的需求，网络中存在着集群节点并发接入需求。组内节点一般需要协同工作，共同移动，此时，当集群节点同时移动到某一区域时，将会产生并发接入到同一基站的需求。

（2）任务或时间触发：LDTN 网络的通信一般由任务驱动，当某一任务事件或时间发生，将会导致节点并发接入需求；另外，还存在着规定某一时刻，各接入节点统一向管理中心汇报情况，此时也存在着并发接入认证需求。

（3）基站处理性能瓶颈：由于接入基站的处理能力是一定的，即使不存在着上述多用户接入场景，当接入认证请求到达率超过阈值时，也存在并发接入认证处理需求。例如，令基站处理一次接入认证的时间为 $1/\lambda$，当接入认证请求的到达率大于 $\lambda$ 时，基站将无法及时处理，从而进入不稳定状态，导致系统瘫痪。

（4）抵抗 DOS 攻击：由于基站处理接入认证的计算时间固定，当恶意节点发送大量虚假接入请求时，将导致系统无法及时处理合法接入节点的请求。

本节首先给出 HIBS 批验签算法，提高认证验签效率；其次针对批验签中可能存在的错误签名，通过设计基于混合测试的错误签名筛选算法快速查找出错误签名；最后给出并发接入认证协议，提高接入基站的并发认证效率。

## 2.3.2 HIBS 批验签算法

本节在 2.2.2 节 HIBS 算法的基础上，设计实现了 HIBS 批验签算法，即能够对来自 $n$ 个用户的签名进行一次批验证，其效率优于对签名单独进行验签。下面给出批验签算法的实现方法，另外，为保证批验签的安全性，本书采用小指数测试方法进行聚合验签。

算法包括系统初始化、私钥生成、签名及批验签四个步骤。其中前三个步骤与 2.2.2 节中 HIBS 算法一致，在此不再赘述。

**批验签**：令 $n$ 个不同用户 $u_1$，$\cdots$，$u_n$ 对 $n$ 个不同消息 $m_1$，$\cdots$，$m_n$ 的签名为 $\sigma_1$，$\sigma_2$，$\cdots$，$\sigma_n$，其中 $\sigma_i = (S_{i,1}, S_{i,2})$。验签者随机选取 $(\delta_1, \cdots, \delta_n) \in \mathbb{Z}_p$，$\delta_i$ 的长度为 $n_b$，$n_b$ 为安全参数，通过下式对所有签名进行批验签。

$$e(P, \sum_{i=1}^{n}(\delta_i S_{i,1}))$$

$$= e(P_1, P_2)^{(\sum_{i=1}^{n}\delta_i)} \cdot \prod_{i=1}^{n} e(\sum_{j=1}^{k_i} V_{i,j} + W_i, \delta_i S_{i,2}) \qquad (2-2)$$

正确性证明：

$$e(P, \sum_{i=1}^{n}(\delta_i S_{i,1}))$$

$$= \prod_{i=1}^{n} e(P, S_{i,1})^{\delta_i}$$

$$= \prod_{i=1}^{n} [e(P_1, P_2) e(\sum_{j=1}^{k_i} V_{i,j} + W_i, S_{i,2})]^{\delta_i}$$

$$= \prod_{i=1}^{n} e(P_1, P_2)^{\delta_i} \cdot \prod_{i=1}^{n} e(\sum_{j=1}^{k_i} V_{i,j} + W_i, S_{i,2})^{\delta_i}$$

$$= e(P_1, P_2)^{(\sum_{i=1}^{n}\delta_i)} \cdot \prod_{i=1}^{n} e(\sum_{j=1}^{k_i} V_{i,j} + W_i, \delta_i S_{i,2})$$

可以看出，相对于独立验签，批验签能够减少 $n-1$ 次双线性对运算。

下面给出采用小指数测试方法进行批验签的安全证明引理：

**引理 2-1** 假设安全级别为 $n_b$，则采用小指数测试方法进行批验签时，接受一个无效签名的概率为 $2^{-n_b}$。证明过程略。

## 2.3.3 基于混合测试的错误签名筛选算法

可以看出本书提出的批验签方法能够提高签名验证的效率，但是当批量签名到达时，可能存在着错误签名，使得聚合验签失败。例如存在恶意节点发送虚假错误签名，以发起拒绝服务攻击。因此需要快速筛选出错误签名。

1. 现有机制存在的不足

查找错误签名最简单的方法是进行独立测试，即对所有签名依次进行验签。但是该方法的效率较低，易导致验证的大时延。恶意节点通过发送少量错误签名，即可破坏并发认证的效率。因此，需要研究错误签名高效筛选算法。

目前，针对双线性对算法的错误签名筛选方法大致可以分为三种：拆分攻克方法、指数测试方法以及混合测试方法。2010 年，Matt 等提出了一种混合测试方法 TPS，通过拆分攻克方法将所有签名构造成二叉树，通过指数测试方法查找错误签名小于 2 的子树，并定位出错误签名的位置。通过分析表明，TPS 算法相对其他算法具有较高的运算效率。

但是，TPS 方法仅考虑了完全聚合的批验签方案，其计算双线性对时，未考虑到先前计算数值的可用性。而本书所提出的 HIBS 批验签算法为不完全聚合方案，因此直接应用时效率较低。本书针对上述问题，提出基于混合测试的错误签名筛选算法——HTPS，利用先前计算数值参与后续计算步骤，从而进一步减少计算开销。

2. HTPS 算法描述

HTPS 算法的基本过程是将所有签名作为叶子节点构造一个平衡二叉树 $Tr$，利用指数测试方法，测试整个树中是否存在错误签名数 $w$ 小于 3 的子树，并找到错误签名的位置，并且利用算法运行过程中的相关计算中间值的关联性，优化计算过程，减少计算开销。

为了能够对本书 HIBS 批验签算法进行指数测试，首先将 HIBS 批验签公式（2-2）转化成公式（2-3）：

$$A = e\Big(\sum_{i=1}^{n} B_i, \; -P\Big) \cdot \prod_{i=1}^{n} E_i \qquad (2-3)$$

其中，$B_i = \delta_i S_{i,1}$，$E_i = e(D_i, T_i) \cdot e(P_1, P_2)$，$D_i = \sum_{j=1}^{k_i} V_{i,j} + W_i$，$T_i = \delta_i S_{i,2}$。可以看出当 $A = 1$ 时，公式（2-3）等于式（2-2）。相应地，定义 $A_i$ 为 $n$ 个签名中第 $i$ 个签名的独立验证公式，如式（2-4）所示。当 $A_i = 1$ 时，说明第 $i$ 个签名正确。

$$A_i = e(B_i, \; -P) \cdot E_i \qquad (2-4)$$

其次，在式（2-4）的基础上，定义函数 $a_{j,[X]}$，如式（2-5）所示，其中，$0 \leqslant j \leqslant 2$，$X$ 表示树或者子树，$Low(X)$ 为 $X$ 中最左侧叶子节点的序号，$up(X)$ 为 $X$ 中最右侧叶子节点的序号。在树中，定义右侧叶子节点序号总是大于左侧叶子节点序号。函数 $a_{j,[X]}$ 将用于错误签名验证中的计算。当 $j = 0$ 且 $X$ 为所有签名构成的树时，$a_{j,[X]} = A$。

$$a_{j,[X]} = e\Big(\sum_{i=low(X)}^{up(X)} i^j B_i, \; -P\Big) \cdot \prod_{i=low(X)}^{up(X)} E_i^{i^j} \qquad (2-5)$$

HTPS 的具体验证过程如表 2-3 所示，其流程与 TPS 类似，不同之处在于 H_Get$_0$ 函数、H_Get$_1$ 函数及 H_Get$_2$ 函数的计算方法。

在算法中，要进行初始化批验签（2-4 行），通过 H_Get$_0$ 函数计算 $a_{0,[Tr]}$，$Tr$ 表示所有签名所组成的树，并且保存中间相关计算变量供后续计算使用。由公式（2-5）可得

$$a_{0,[Tr]} = e\Big(\sum_{i=low(Tr)}^{up(Tr)} B_i, \; -P\Big) \cdot \prod_{i=low(Tr)}^{up(Tr)} E_i$$

$$= e\Big(\sum_{i=1}^{n} B_i, \; -P\Big) \cdot \prod_{i=1}^{n} E_i \qquad (2-6)$$

若 $a_{0,[Tr]} = 1$ 则说明所有签名均正确，否则说明错误签名数量 $w > 0$。

4-8 行用于测试错误签名数 $w = 1$ 是否成立。首先通过 H_Get$_1$ 函数计算 $a_{1,[Tr]} = e\Big(\sum_{i=low(Tr)}^{up(Tr)} i B_i, \; -P\Big) \cdot \prod_{i=low(Tr)}^{up(Tr)} E_i^i$，其中 $\sum_{i=low(Tr)}^{up(Tr)} i B_i$，$\prod_{i=low(Tr)}^{up(Tr)} E_i^i$ 能够通过调用 H_Get$_0$ 函数所保存的中间变量快速计算获得。其次基于 Shanks's GSBS 算法，采用指数测试方法，通过 Shanks 函数查找是否存在一个值 $z(1 \leqslant z \leqslant N)$，使得 $a_{1,[Tr]} = a_{0,[Tr]}^z$，若存在，则 $w = 1$，$z$ 即错误签名的位置。例如，假设有 4 个签名，其中第 3 个签名为错误签名，则 $a_{1,[Tr]} = e\Big(\sum_{i=1}^{4} i B_i, \; -P\Big) \cdot \prod_{i=1}^{4} E_i^i =$

$A_1 \cdot A_2^2 \cdot A_3^3, A_4^4 = A_3^3 = a_{0,[Tr]}^3$。

如果未找到，则通过 9—13 行测试 $w = 2$ 是否成立。利用 H_Get$_2$ 函数计算 $a_{2,[Tr]} = e(\sum_{i=1}^{n} i^2 B_i, -P) \cdot \prod_{i=1}^{n} E_i^{i^2}$。同理，基于指数分解法，利用 FastFactor 函数计算是否存在两个值 $i$、$j$，使得 $a_{2,[Tr]} = a_{1,[Tr]}^{i+j} a_{0,[Tr]}^{-ij}$。如果存在，则 $i$、$j$ 是错误签名的位置。否则说明 $w >= 3$，进入子树中继续寻找 $w < 3$ 的树。

表 2-3　HIBS 错误签名筛选算法

Algorithm：**HTPS(X)**
输入：X，即消息与签名列表
输出：错误签名列表

| | | |
|---|---|---|
| 1 | **If X = Tr then** | //X 为树节点 |
| 2 | $a_{0,[X]} = $ H_Get$_0$(X) | |
| 3 | **If** $a_{0,[X]} = 1$ **then** return | |
| 4 | $a_{1,[X]} = $ H_Get$_1$(X) | |
| 5 | z = Shanks (X) | |
| 6 | **If** z ≠ 0 **then** | |
| 7 | Print(m$_z$, s$_z$) | |
| 8 | **Return** | |
| 9 | $a_{2,[X]} = $ H_Get$_2$(X) | |
| 10 | $(z_1, z_2) = $ FastFactor(X) | |
| 11 | **If** $z_1 \neq 0$ **then** | |
| 12 | Print(m$_{z1}$, s$_{z1}$), (m$_{z2}$, s$_{z2}$) | |
| 13 | **Return** | |
| 14 | (SearchLeft, SearchRight) = | |
| | HTPSQuadSolver(X, Left(X), Right(X), E[X])//w ≥ 3,进入子树查找 | |
| 15 | **If** SearchLeft = true **then** | |
| 16 | HTPS(Left(X)) | |
| 17 | **If** SearchRight = true **then** | |
| 18 | HTPS(Right(X)) | |
| 19 | **If** X = Tr **then** | |
| 20 | PrintList() | |
| 21 | **Return** | |

第 14 行的 HTPSQuadSolver 函数用于查找子树中错误签名数是否小于 3。

其过程与 HTPS 主函数类似，不同之处在于计算右子树 R 的 $a_{j,[R]}$ 时，能够利用其父亲节点 $P$ 及兄弟左节点 $L$ 的计算结果减少计算开销，即 $a_{j,[R]} = a_{j,[P]} \cdot a_{j,[L]}^{-1}$。另外，若 $a_{0,[L]} == a_{0,[P]} \neq 1$，则说明所有的错误签名均在左子树中，从而可以避免对右子树的测试。由于 HTPSQuadSolver 函数与 TPS 算法中的 TPSQuadSolver 函数类似，在此不再赘述。

表 2-4 为函数 H_Get$_0$ 的实现算法，用于计算 $a_{0,[X]}$。1-15 行用于计算 $a_{0,[Tr]}$。其中，$VB0_i$ 以及 $EB0_i$ 为 $B_i$、$E_i$ 的相关计算变量，需要保存在系统中供后续函数应用。16-40 行用于在 HTPSQuadSolver 函数中计算子树中的 $a_{0,[X]}$ 值。令 $P$ 为 $X$ 的父亲节点，则当 $X$ 为 $P$ 的右子树时，根据算法流程，$a_{0,[P]}$，$a_{0,[L]}^{-1}$ 均已计算，所以可直接获得 $a_{0,[X]} = a_{0,[P]} \cdot a_{0,[L]}^{-1}$，避免了双线对运算。当 $X$ 为 $P$ 的左子树时，能够通过先前保存的 $VB0_i$、$EB0_i$ 快速计算出

$$VB0_{s,u} = \sum_{i=s}^{u} B_i, FB0_{s,u} = \prod_{i=s}^{u} E_i。$$ 之后通过一次双线性对运算计算出 $a_{0,[X]} = e(WB0_{s,u}, -P) \cdot FB0_{s,u}。$

表 2-4  H_Get$_0$ 算法

**Algorithm: H_Get$_0$(X)**
输入: X, 即消息与签名对列表
输出: None.
**Return**: $a_{0,[X]}$ 的值

| | | |
|---|---|---|
| 1 | **If X = Tr then** | //X 为根节点 |
| 2 | $VB0_{|X|} = B_{|X|}$ | //$B_i$ 的定义见公式(2-3) |
| 3 | for i = |X| − 1 downto 1 do | |
| 4 | $VB0_i = VB0_{i+1} + B_i$ | |
| 5 | endfor | |
| 6 | for j = |X| downto 1 do | |
| 7 | $E_j = e(D_j, T_j) e(P_1, P_2)$ | //$e(P_1, P_2)$ 为固定值, 可提前计算 |
| 8 | endfor | |
| 9 | $EB0_{|X|} = E_{|X|}$ | |
| 10 | for i = |X| − 1 downto 1 do | |
| 11 | $EB0_i = EB0_{i+1} \cdot E_i$ | |
| 12 | endfor | |
| 13 | $a_{0,[X]} = e(VB0_1, -P) \cdot EB0_1$ | |
| 14 | return($a_{0,[X]}$) | |
| 15 | **Endif** | |

**Algorithm**：$H\_Get_0(X)$

输入：X，即消息与签名对列表

输出：None.

**Return**：$a_{0,[X]}$ 的值

| | |
|---|---|
| 16 | $P=Parent(X)$；$L=Left(P)$；$R=Right(P)$ |
| 17 | //X 为子树，定义 P 为 X 的父亲节点，P 的相关数值已提前计算并保存，L 为 P 的左孩子节点，R 为 P 的右孩子节点 |
| 18 | **if** $(X=R)$ **then**　　　　　//X 为 P 的右子树 |
| 19 | $a_{0,[X]}=a_{0,[P]}\cdot a_{0,[L]}^{-1}$　　　//利用 $a_{0,[P]}$，$a_{0,[L]}^{-1}$ 可直接获得 $a_{0,[X]}$ |
| 20 | $a_{0,[X]}^{-1}=a_{0,[P]}^{-1}a_{0,[L]}$　　　//保存 $a_{0,[X]}^{-1}$ 供后续计算使用 |
| 21 | **return** $(a_{0,[R]})$ |
| 22 | **else if** $(X=L)$ **then**　　　//X 为 P 的左子树 |
| 23 | $s=lowbnd(X)$；$u=upbnd(X)$ |
| 24 | $WB0_{s,u}=VB0_1-VB0_{u+1}$ |
| 25 | $FB0_{s,u}=EB0_1\cdot EB0_{u+1}^{-1}$ |
| 26 | if $(s\neq 1)$ then |
| 27 | if $(WB0_{1,s-1})$ then　　　　//如果 $WB0_{1,s-1}$ 已经计算过 |
| 28 | $WB0_{s,u}=WB0_{s,u}-WB0_{1,s-1}$ |
| 29 | else |
| 30 | $WB0_{1,s-1}=VB0_1-VB0_s$ |
| 31 | $WB0_{s,u}=WB0_{s,u}-WB0_{1,s-1}$ |
| 32 | if $(FB0_{1,s-1})$ then　　　　//如果 $EB0_{1,s-1}$ 已经计算过 |
| 33 | $FB0_{s,u}=FB0_{s,u}\cdot FB0_{1,s-1}^{-1}$ |
| 34 | else |
| 35 | $FB0_{1,s-1}=EB0_1\cdot EB0_s^{-1}$ |
| 36 | $FB0_{s,u}=FB0_{s,u}\cdot FB0_{1,s-1}^{-1}$ |
| 37 | $a_{0,[X]}=e(WB0_{s,u},-P)\cdot FB0_{s,u}$　　//计算出 $a_{0,[X]}$ |
| 38 | If$(a_{0,[X]}=a_{0,[P]})$ then |
| 39 | $a_{0,[X]}=a_{0,[P]}^{-1}$ |
| 40 | return$(a_{0,[X]})$ |

表 2-5 为函数 $H\_Get_1$ 的实现算法，用于计算 $a_{1,[X]}$。1-11 行用于计算 $a_{1,[Tr]}$，由于 $E_i$ 值在计算 $a_{0,[Tr]}$ 中已经计算，并将相关值保存在 $EB0_i$ 中，所以避免了重新计算 $E_i$ 所带来的双线性对运算，计算 $a_{1,[X]}$ 仅需一次双线性对运算。13-41 行用于在 HTPSQuadSolver 函数中计算子树中的 $a_{1,[X]}$ 值，其方法与函数 $H\_Get_0$ 中类似。另外，函数 $H\_Get_2$ 用于计算 $a_{2,[X]}$，其过程与函

数 H_Get$_1$ 类似，在此不再赘述。

表 2-5　H_Get$_1$ 算法

| | |
|---|---|
| **Algorithm**：**H_Get$_1$(X)** | |
| 输入：X,即消息与签名对列表 | |
| 输出：None. | |
| **Return**：$a_{1,[X]}$ 的值 | |

| | | |
|---|---|---|
| 1 | **If X = Tr then** | //X 为根节点,需要计算 $a_{0,[Tr]}$ |
| 2 | $VB1_{|X|} = VB0_{|X|}$ | // VB0$_i$ 值见 H_Get$_0$ |
| 3 | for i = \|X\|−1 downto 1 do | |
| 4 | $VB1_i = VB1_{i+1} + VB0_i$ | |
| 5 | Endfor | |
| 6 | $EB1_{|X|} = EB0_{|X|}$ | // EB0$_i$ 值见 H_Get$_0$ |
| 7 | For j = \|X\|−1 to 1 do | |
| 8 | $EB1_j = EB1_{j+1} \cdot EB0_j$ | |
| 9 | endfor | |
| 10 | $a_{1,[X]} = e(VB1_1, -P) \cdot EB1_j$ | |
| 11 | return($a_{1,[X]}$) | |
| 12 | **Endif** | |
| 13 | P = Parent(X);L = Left(P);R = Right(P);X′ = Sibling(X) | |
| 14 | //X 为子树,定义 P 为 X 的父亲节点,P 的相关数值已提前计算并保存,L | |
| | 为 P 的左孩子节点,R 为 P 的右孩子节点,X′为 X 的兄弟节点 | |
| 15 | **if**($a_{0,[X]} = a_{0,[P]}$) **then** | //P 中的错误签名全部在 X 中,且 w>1 |
| 16 | $a_{1,[X]} = a_{1,[P]}$ | |
| 17 | $a_{1,[X]}^{-1} = a_{1,[P]}^{-1}$ | |
| 18 | **return** ($a_{1,[R]}$) | |
| 19 | **if** (X = R) **then** | //右孩子节点 |
| 20 | $a_{1,[X]} = a_{1,[P]} \cdot a_{1,[L]}^{-1}$ | |
| 21 | $a_{1,[X]}^{-1} = a_{1,[P]}^{-1} a_{1,[L]}$ | |
| 22 | **return** ($a_{1,[R]}$) | |
| 23 | **else if** (X = L) **then** | //左孩子节点 |
| 24 | s = lowbnd(X); u = upbnd(X) | |
| 25 | $WB1_{s,u} = VB1_1 - (VB1_{u+1} + u \cdot VB0_{u+1})$ | |
| 26 | $FB1_{s,u} = EB1_1 \cdot EB1_{u+1}^{-1}$ | |
| 27 | If (s ≠ 1) then | |
| 28 | If ($WB1_{1,s-1}$) then | //如果 $WB1_{1,s-1}$ 已经计算过 |

---

**Algorithm: H_Get$_1$( X )**

输入:X,即消息与签名对列表

输出:None.

**Return**:$a_{1,[X]}$ 的值

---

| 29 | $WB1_{s,u} = WB1_{s,u} - WB1_{1,s-1}$ |
| 30 | else |
| 31 | $WB1_{1,s-1} = VB1_1 - (VB1_s + (s-1)VB0_s)$ |
| 32 | $WB1_{s,u} = WB1_{s,u} - WB1_{1,s-1}$ |
| 33 | If( $FB1_{1,s-1}$ ) then |
| 34 | $FB1_{s,u} = FB1_{s,u} \cdot FB1_{1,s-1}^{-1}$ |
| 35 | else |
| 36 | $FB1_{1,s-1} = EB1_1 \cdot EB1_s^{-1}$ |
| 37 | $FB1_{s,u} = FB1_{s,u} \cdot FB1_{1,s-1}^{-1}$ |
| 38 | $a_{1,[X]} = e(WB1_{s,u}, -P) \cdot FB1_{s,u}$      //计算出 $a_{1,[X]}$ |
| 39 | If( $a_{1,[X]} = a_{1,[P]}$ ) then |
| 40 | $a_{1,[X]} = a_{1,[P]}^{-1}$ |
| 41 | return( $a_{1,[X]}$ ) |

---

相对于原始的 TPS 算法而言,HTPS 在计算 $a_{j,[X]}$ 时,利用 $E_i$ 等中间值参与计算,并通过轻量级 $G_T$ 域上的乘法运算代替复杂双线性对运算,减少了 $a_{j,[X]}$ 的计算开销,提高了计算效率。

## 2.3.4　并发接入认证协议

在上述 HIBS 批验签算法及基于混合测试的错误签名筛选算法的基础上,给出并发接入认证协议。

当有多个终端节点同时发起认证请求时,接入基站 BS 采用并发认证协议,提高认证效率,具体流程如图 2-5 所示。

（1）假设有 $n$ 个终端节点 $MN_i(1 \leq i \leq n, n \geq 2)$ 同时发送认证请求给 BS,认证请求过程与 2.2.3 节中基本认证协议相同。$MN_i$ 随机选取 $r_{MN_i} \in \mathbb{Z}_p$,计算密钥交换参数 $R_{MN_i} = r_{MN_i}P$。发送认证请求消息给接入基站 BS 节点。消息中包括:自身标识 $ID_{MN_i}$、基站标识 $ID_{BS}$、$R_{MN_i}$、时戳 $TS_{MN_i}$ 以及签名 $\sigma_{MN_i} = SIG(ID_{MN_i}, ID_{BS}, R_{MN_i}, TS_{MN_i}) = <S_{MN_i,1}, S_{MN_i,2}>$。

（2）BS 收到多个认证请求消息后，首先通过 $\Delta t \leqslant TS_{now} - TS_{MN_i}$ 验证 $TS_{MN_i}$ 的时效性，其中 $TS_{B\_now}$ 表示基站当前时间，$\Delta t$ 为传输时延阈值。之后将所有认证请求中的签名 $\sigma_{MN_i} = <S_{MN_i,1}, S_{MN_i,2}>$ 通过公式（2-2）进行批验签。若正确，则完成对所有节点 $MN_i$ 的认证。反之，说明签名中存在错误签名，此时通过 2.3.2 节的 HTPS 算法快速筛选出错误签名。

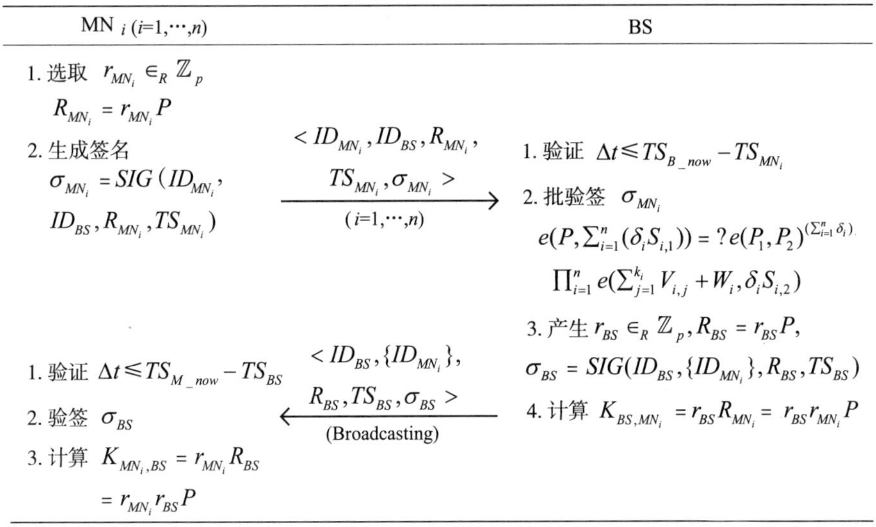

| MN $_i$ $(i=1,\cdots,n)$ | | BS |
|---|---|---|
| 1. 选取 $r_{MN_i} \in_R \mathbb{Z}_p$ <br> $R_{MN_i} = r_{MN_i}P$ <br> 2. 生成签名 <br> $\sigma_{MN_i} = SIG(ID_{MN_i},$ <br> $ID_{BS}, R_{MN_i}, TS_{MN_i})$ | $\xrightarrow{\begin{array}{c}< ID_{MN_i}, ID_{BS}, R_{MN_i}, \\ TS_{MN_i}, \sigma_{MN_i} > \\ (i=1,\cdots,n)\end{array}}$ | 1. 验证 $\Delta t \leqslant TS_{B\_now} - TS_{MN_i}$ <br> 2. 批验签 $\sigma_{MN_i}$ <br> $e(P, \sum_{i=1}^{n}(\delta_i S_{i,1})) = ? e(P_1, P_2)^{(\sum_{i=1}^{n}\delta_i)}$ <br> $\prod_{i=1}^{n} e(\sum_{j=1}^{k_i} V_{i,j} + W_i, \delta_i S_{i,2})$ |
| 1. 验证 $\Delta t \leqslant TS_{M\_now} - TS_{BS}$ <br> 2. 验签 $\sigma_{BS}$ <br> 3. 计算 $K_{MN_i,BS} = r_{MN_i}R_{BS}$ <br> $= r_{MN_i}r_{BS}P$ | $\xleftarrow{\begin{array}{c}< ID_{BS}, \{ID_{MN_i}\}, \\ R_{BS}, TS_{BS}, \sigma_{BS} > \\ (Broadcasting)\end{array}}$ | 3. 产生 $r_{BS} \in_R \mathbb{Z}_p$, $R_{BS} = r_{BS}P$, <br> $\sigma_{BS} = SIG(ID_{BS}, \{ID_{MN_i}\}, R_{BS}, TS_{BS})$ <br> 4. 计算 $K_{BS,MN_i} = r_{BS}R_{MN_i} = r_{BS}r_{MN_i}P$ |

**图 2-5　并发接入认证流程**

（3）为实现与所有合法终端节点 $\{ID_{MN_i}\}$ 的双向认证，BS 随机选取 $r_{BS} \in \mathbb{Z}_p$，计算密钥交换参数 $R_{BS} = r_{BS}P$，发送广播消息 $<ID_{BS}, \{ID_{MN_i}\}, R_{BS}, TS_{BS}, \sigma_{BS}>$ 给所有终端，其中 $\sigma_{BS} = SIG(ID_{BS}, \{ID_{MN_i}\}, R_{BS}, TS_{BS}) = <S_{BS,1}, S_{BS,2}>$。同时，基站 BS 能够计算出与 $MN_i$ 的共享会话密钥 $K_{BS,MN_i} = r_{BS}R_{MN_i} = r_{BS}r_{MN_i}P$。

（4）终端节点 $MN_i$ 收到 BS 发送的广播消息后，首先通过 $\Delta t \leqslant TS_{M\_now} - TS_{BS}$ 验证 $TS_{BS}$ 的时效性，其中 $TS_{M\_now}$ 表示节点当前时间。之后通过签名 $\sigma_{BS}$ 验证 BS 的合法性，并计算出共享会话密钥 $K_{MN_i,BS} = r_{MN_i}R_{BS} = r_{MN_i}r_{BS}P$。

在并发认证过程中，接入基站 BS 采用批验签方法并发验证 $n$ 个终端节点的认证请求，能够节省 $n-1$ 次双线性对运算，并且通过广播发送认证回复消息，能够节省 $n-1$ 次消息数。另外，各个终端节点与 BS 节点通过 EC-DH 密钥协商算法，能够协商出不同的会话密钥，保证了后续通信的安全性。需要注意的是，节点的接入认证请求消息与 2.2 节基本接入认证协议一致，保证了整个并发接入认证过程对节点透明。

### 2.3.5 性能分析与仿真实验

本节将对 HIBS 批验签算法、基于混合测试的错误签名筛选算法以及并发接入协议的性能进行分析与比较，并在其基础上对并发接入认证协议的平均认证时延及成功率进行仿真实验。

（1）性能分析。

1）批验签算法性能分析与比较。首先将本书提出的 HIBS 批验签算法与其他同类型算法的批验签性能进行分析比较，如表 2-6 所示。其中 $n$ 表示批量验签数量，可以看出本算法的批验签性能优于其他算法，因此本算法更适合在链路连通时间短暂的 LDTN 网络中应用。

2）HTPS 性能分析与比较。下面对本书所设计的 HTPS 算法性能进行分析。为方便比较，令 $|Tr|$ 表示所有进行批验证的签名数量，$T_A$ 表示 $G$ 上的加法运算，$T_T$ 表示 $G_T$ 上的乘法运算，$T_P$ 表示双线性对运算。

表 2-6　HIBS 批验签性能对比

| 算法 | 计算开销 | |
| :---: | :---: | :---: |
| | 批验签 | 合计* |
| GS | $(nk+2)T_p+n(k+2)T_m$ | 180 |
| LZW-1 | $[(k+1)n+1]T_p+2n(k+1)T_m+T_e$ | 231 |
| LZW-2 | $(2n+1)T_p+(3+k)nT_m+T_e$ | 165 |
| CHYC | $(kn+2)T_p+(k+2)nT_m$ | 180 |
| WZH | $(2n+1)T_p+[(k+1)\ell+2]nT_m+T_e$ | 174 |
| ZHW | $4nT_p+(k+\ell+5)nT_m+(n+1)T_e$ | 291 |
| 本书算法 | $(n+1)T_p+(k+3)nT_m+T_e$ | 102 |

注：* 表示假设 $k=2,\ell=2,n=3$。

HTPS 要求初始化批验签时，采用小指数测试方法。首先包括测试签名树 $Tr$ 中所有签名元素是否在 $G$ 中，接着计算 $a_{0,[Tr]}$。如果 $a_{0,[Tr]}=1$，则说明所有签名正确。如果 $a_{0,[Tr]}\neq1$，则将计算中的所有 $B_i$ 及 $E_i$ 的相关计算变量

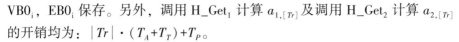

$VB0_i$，$EB0_i$ 保存。另外，调用 H_Get$_1$ 计算 $a_{1,[Tr]}$ 及调用 H_Get$_2$ 计算 $a_{2,[Tr]}$ 的开销均为：$|Tr| \cdot (T_A + T_T) + T_P$。

下面给出筛选错误签名的具体开销。

若错误签名数 $w = 1$，则 HTPS 的开销（不包括初始批验证）为一次 $a_{1,[Tr]}$ 计算，计算开销为 $|Tr| \cdot (T_A + T_T) + T_P$，加上一次成功的 Shanks(Tr) 运算，其开销为 $(4\sqrt{|Tr|}/3) \cdot T_T$。

若 $w = 2$，则计算开销包括两次 H_GET 运算，一个失败的 *Shanks*（Tr）运算，一次成功的 Fast Factor(Tr)运算，总计算开销为 $2(|Tr| \cdot (T_A + T_T) + T_P) + 2\sqrt{|Tr|}T_T + (11/4)|Tr|T_T$。

当 $w>2$ 时，计算开销包括两次 H_GET 运算，一个失败的 *Shanks*(Tr) 运算，一次失败的 *Fast Factor*（Tr）运算，总计算开销为 $2(|Tr| \cdot (T_A + T_T) + T_P) + 2\sqrt{|Tr|}T_T + (9/2)|Tr|T_T$，同时还包括调用递归函数 TPS QuadSolver 时所产成的计算开销 $R(w,M)$，如式（2-7）所示。

$$
R(w,M) =
\begin{cases}
0, w = 0,1,2; w > M \\
\dfrac{\sum\limits_{i=0}^{w} \binom{M/2}{w-i}\binom{M/2}{i}\left(R(w-i,M/2) + R(i,M/2) + C(w-i,i,M/2)\right)}{\binom{M}{w}}, w > 2
\end{cases}
$$

$$(2-7)$$

在公式（2-7）中，$C(x,y,M/2)$ 表示当前循环函数 $M$ 的计算开销，$x$、$y$ 分别表示左右子树中错误签名的个数，由于 $C(x,y,M/2)$ 的计算开销与 TPS 算法基本一致，在此不再赘述。

我们将本书的 HTPS 算法与独立测试、通用折半拆分算法（Generalized Binary Splitting, GBS）、指数测试算法以及 TPS 算法进行比较。其中：独立测试表示对各签名依次进行测试，为基线测试方案；GBS 算法为通用折半拆分算法（Generalized Binary Splitting），属于组测试技术。当错误签名数较小时，该算法的性能优于其他组测试技术，由于该算法需要在运算前给出错误签名 $w$ 的估计值 $d_w$，估计值 $d_w$ 的正确性将影响算法的计算性能，在此处取 GBS 算法的最优值，即令错误签名值估计值与实际值一致（$d_w = w$）；指数测试方法通过在算法中增加指数，能够快速定位错误签名位置；TPS 算法为 HTPS 的原始未改进方案。

依据相关文献统计各操作的开销，令群的阶 $r$ 为 160bit，椭圆曲线 E 定义在域 $F_p$ 上，$p$ 为 160bit。在计算比较中，以域 $F_p$ 上的乘法运算（m）为单位，并且采用双线性对成对运算（Double Pairing），各项密码的平均单次计算时间分别为：$T_P=7013m$，$T_T=15m$，$T_A=11m$。

性能分析主要比较在不同批验签与错误签名数量的情况下，各方案的认证开销，分析比较结果如图 2-6、图 2-7 所示。

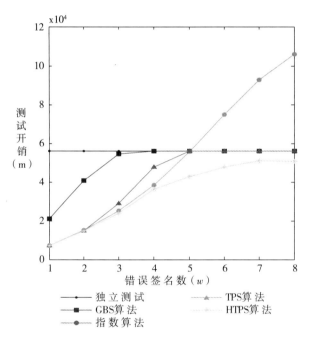

图 2-6 **HTPS 与同类型算法的比较** ($n=8$)

在图 2-6 中，设置一次批验签的签名数量 $n=8$。可以看出：当错误签名数 $w=2$，HTPS 算法的计算开销与指数测试算法及 TPS 算法大体相同，其主要原因是当 $w<3$ 时，三种算法均使用相同的指数测试方法。但是当 $w\geq3$ 时，HTPS 的计算开销小于上述两种算法，其原因是：指数测试方法的计算开销随着 $w$ 成指数增长，所以当 $w\geq3$ 后开销上升变快；TPS 算法在测试本书 HIBS 算法时，由于未能利用先前双线性对计算数值参与后续计算步骤，从而导致计算开销增大；而本书的 HTPS 算法充分考虑 HIBS 算法的特点，通过划分子树进行指数测试，避免了计算开销的指数增长。同时，通过相关计算中间值的关联性，采用 $G_T$ 乘法运算代替双线性对运算，进一步减少了计算量，因此

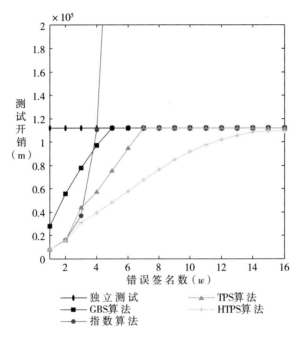

图 2-7　HTPS 与同类型算法的比较 ($n = 16$)

计算开销较小。另外，不管错误签名数 $w$ 为何值，HTPS 算法的计算开销均小于独立测试及 GBS 算法。

在图 2-7 中，设置批验签的签名数量 $n = 16$，可以看出，HTPS 算法的性能依然优于其他同类型算法，其原因与上相同。另外，可以看出在各算法中，指数测试方法受批验签数量 $n$ 及错误签名数量 $w$ 的影响最大。

综上所述，HTPS 的计算开销受批验签数量及错误签名数量的影响较小，算法性能优于其他同类型方案。

3）协议的性能分析与比较。表 2-7 为并发认证协议与同类型 SK 协议以及本章 2.2 节基本认证协议的分析对比。其中 $n$ 表示并发接入节点个数，$T_p$ 表示双线性对计算开销，$T_m$ 为群 $G$ 上乘法运算开销，$T_e$ 为群 $G_T$ 上幂运算开销。令 $T_p = 21$，$T_e = 3T_m$，并假设 $k = 2$，在合计中给出了并发认证的计算总开销，单位为 $T_m$。

表 2-7 并发认证方案的性能比较

| 协议 | 通信次数 | 计算开销 | 合计 |
|---|---|---|---|
| SK | $3n$ | $(k+1)nT_p+(k+3)nT_m,$<br>$(k \geqslant 2)$ | 204（$n=3$）<br>272（$n=4$） |
| 基本认证协议 | $2n$ | $2nT_p+(k+7)nT_m$ | 153（$n=3$）<br>204（$n=4$） |
| 并发认证协议 | $n+1$ | $(n+1)T_p+(kn+$<br>$4n+1)T_m+T_e$ | 106（$n=3$）<br>133（$n=4$） |

当有多个节点并发接入基站时，SK 及基本认证方案只能依次独立处理，而在并发认证协议中，接入基站可以通过批验签机制降低计算开销，相对于 SK 方案提高效率 $\geqslant 43\%$，相对于基本认证方案提高效率 $\geqslant 30\%$，同时，本方案通过广播消息机制降低了通信开销，因此本方案的并发认证效率高于现有同类型方案。

（2）仿真实验。采用 OPNET 仿真工具对 SK 方案及本方案进行仿真与性能比较。仿真环境同 2.2.5 节中的环境一致。在 5km$^2$ 的区域内设置 70 个 MN 节点以及 30 个 BS 节点，节点层次数 $k$ 为 2。节点运动模型为 Random Way Point，通信半径为 200m，运动速度范围为 10~35m/s。MN 节点与其通信范围内相遇的 BS 节点随机发起认证协议。仿真实验主要比较认证成功率，既认证成功的次数与总认证次数之比。

图 2-8 为多个终端 MN 节点进行并发认证时的认证成功率比较，令节点的运动速度为 20m/s。可以看出：当并发认证终端节点数量增加时，本协议的认证成功率受影响较小。主要原因是本书采用了并发认证机制及广播消息机制，能够提高并发认证效率。SK 方案由于无法进行并发处理，认证成功率受影响较大。

通过仿真实验可以看出，本书所提出的并发认证协议在大规模网络中应用时，其认证时延、成功率等优于同类型方案。

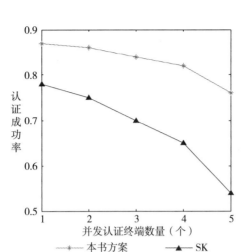

图 2-8 不同并发认证终端数量下，认证成功率比较

# 2.4 可高效撤销的匿名接入认证方案

在 LDTN 中，节点与基站进行接入认证时，需要发送自己的身份标识等信息。由于链路的开放性，恶意攻击者能够通过身份标识发现与跟踪接入节点。因此，为了保护 LDTN 中节点的隐私性，在网络接入过程中，应能够根据节点安全需求，提供匿名接入功能。

在现有匿名认证机制中，MASK 方案提出了一种基于身份的匿名认证机制，节点拥有众多假名，每次认证时使用不同的假名，以保证节点身份的匿名性。但是该机制存在的问题是：当需要撤销该节点假名标识集时，大量假名标识将导致撤销列表的体积过大。因此它不适合在带宽受限的 LDTN 链路中传输。SEAMAN 方案提出了一种基于公钥证书的匿名认证机制，在节点假名证书生成过程中增加秘密陷门，减少了假名撤销列表的通信量。但是，该方法需要进行两阶段认证，交互 6 次信息，并需要传输及验证证书，计算与通信开销大，因此同样不适合在大时延高中断的 LDTN 中应用。

针对上述问题，本书在接入认证协议的基础上提出了一种可高效撤销的匿名接入认证方案。通过节点假名标识集以及基于分级身份加密算法设计匿名认证协议，实现节点匿名认证；通过秘密陷门机制派生假名标识集，减少假名撤销时的通信开销。方案仅需要交互 2 次消息，且具有高效假名撤销机制。

## 2.4.1 方案设计

在本方案中，设定接入基站的身份对外公开。在认证过程中，节点可以提供自己所属的子 PKG 信息给基站，但是基站无法获知该节点的具体身份，因此节点身份对基站具有部分匿名性。同时，节点的子 PKG 及自身身份信息，不能被第三方通过信道窃听方式获得，具有完全匿名性。

整个方案过程包括四个部分，具体方法如下：

（1）系统初始化。系统的初始化过程与 2.2.2 节基于分级身份的签名算法相同。根 PKG 派生出多个子 PKG，为子 PKG 产生相应的私钥。子 PKG 为其管理域内的节点提供假名标识产生机制。根 PKG 秘密保存系统私钥，将公钥及系统参数公开。

（2）假名标识产生。假设节点 ID 所属的子 PKG 身份标识为 $ID_{C-PKG}$ ，子 PKG 首先产生一个假名生成主密钥 $K \in_R \mathbb{Z}_q^*$ ，之后通过哈希函数产生用户的假名陷门密钥 $KT_{ID}$ ，$KT_{ID} = H(K, ID)$ ，H( · ) 为哈希函数。随后，PKG 通过 $KT_{ID}$ 为用户 ID 产生 $n$ 个假名标识 $<ID_{C-PKG}, P_{ID,i}>$ ，$1 \leqslant i \leqslant n$ ，其中分量 $P_{ID,i} = MAC_{KT_{ID}}(i) \parallel E_K(ID \parallel i) \parallel TIME$ ，MAC 为消息认证码函数，$E$ 为对称加密算法，$TIME$ 是假名标识有效期限。PKG 通过系统私钥产生假名 $<ID_{C-PKG}, P_{ID,i}>$ 所对应的私钥 $SK_{ID,i}$ ，产生包含 $n$ 个假名及私钥的假名标识集，通过安全通道发送给用户 ID，假名标识集的构成如图 2-9 所示。PKG 将用户 ID 及假名数目 $n$ 保存。

从上可以看出，在用户假名标识分量 $P_{ID,i}$ 中包含三个部分：第一部分 $MAC_{KT_{ID}}(i)$ 通过陷门密钥产生，用于实现假名的高效撤销；第二部分 $E_K(ID \parallel i)$ 用于帮助 PKG 快速获取问题节点的真实身份；第三部分 TIME 则用于实现假名标识的自动失效，减少假名撤销负担。可以看出，任何第三方在没有密钥 $KT_{ID}$ 以及 $K$ 的情况下，无法将用户 ID 的任意两个假名分量 $P_{ID,i}$ 、$P_{ID,j}(i \neq j)$ 相关联。

（3）假名标识撤销。当 LDTN 网络中的用户发现有匿名节点存在恶意

PKG: $K$, $KT_{ID}=H(K,ID)$

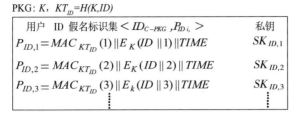

| 用户 ID 假名标识集 $<ID_{C\text{-}PKG},P_{ID,i}>$ | 私钥 |
|---|---|
| $P_{ID,1}=MAC_{KT_{ID}}(1)\parallel E_K(ID\parallel 1)\parallel TIME$ | $SK_{ID,1}$ |
| $P_{ID,2}=MAC_{KT_{ID}}(2)\parallel E_K(ID\parallel 2)\parallel TIME$ | $SK_{ID,2}$ |
| $P_{ID,3}=MAC_{KT_{ID}}(3)\parallel E_k(ID\parallel 3)\parallel TIME$ | $SK_{ID,3}$ |

图 2-9 　假名标识集

行为时，将该节点假名标识 $P_{ID,j}$ 上报给 PKG 节点，PKG 节点通过主密钥 K 解密 $E_K(ID\parallel i)$，获取该节点的真实身份 ID，通过 K 及节点身份 ID 产生该用户的陷门密钥 $KT_{ID}$。PKG 将陷门密钥 $KT_{ID}$ 及假名数目 $n$，通过假名撤销列表发布。网络中的用户收到撤销列表后，通过陷门密钥 $KT_{ID}$ 及 $n$，能够派生出用户 ID 的所有假名标识 $P_{ID,i}$ 的第一部分 $MAC_{KT_{ID}}(i)$，$(1\leqslant i\leqslant n)$，将其存储在哈希列表中。可以看出，整个假名撤销列表的大小仅与撤销节点的个数有关，而与撤销节点所拥有的具体假名个数无关。

（4）匿名认证协议。假设移动终端 MN 需要与基站 BS 进行匿名认证。令基站 BS 的身份标识为 $ID_{BS}$，终端 MN 的子 PKG 身份标识为 $ID_{C\text{-}PKG}$，则 MN 随机选择一个未使用的假名标识 $ID_{MN}=<ID_{C\text{-}PKG},P_{MN,i}>$。认证协议流程如图 2-10 所示，具体步骤如下：

假设节点 A 需要与基站 BS 进行匿名认证，其中节点 A 的子 PKG 身份标识为 $ID_{C\text{-}PKG}$，对应的节点 A 的身份标识为 $<ID_{C\text{-}PKG},P_{A,i}>$，基站 BS 的身份标识为 $ID_{BS}$。认证协议流程如图 2-10 所示，具体步骤如下：

1）节点 MN 发送 $P_{MN,i}$、随机数 $N_{MN}$、DH 密钥协商参数 $aP$ 以及 $HIBE_{ID_{BS}}(ID_{C\text{-}PKG})$ 给基站 BS。其中 $HIBE_{ID_{BS}}(ID_{C\text{-}PKG})$ 表示使用 HIBC 分级身份加密算法，通过 BS 的身份标识 $ID_{BS}$ 对自己的子 PKG 标识 $ID_{C\text{-}PKG}$ 加密。

2）基站 BS 收到消息后，首先验证匿名身份标识 $P_{MN,i}$ 的合法性，并解密 $HIBE_{ID_{BS}}(ID_{C\text{-}PKG})$，获得匿名 $P_{MN,i}$ 所属的子 PKG 标识 $ID_{C\text{-}PKG}$。BS 发送消息 $M_{BS,MN}$ 以及对应的分级身份签名 $HIBS_{K_{ID_{BS}}}(M_{BS,MN})$ 给节点 MN。同时，BS 计算出与 MN 的共享会话密钥 $SK_{BS,MN}=abP$。

3）节点 MN 收到 BS 返回的消息后，通过 $HIBS_{K_{ID_{BS}}}(M_{BS,MN})$ 验证基站 BS 的合法性，其次协商出共享会话密钥 $SK_{MN,BS}=abP$。节点 MN 通过自己的身

份私钥 $K_{<ID_{C-PKG},P_{MN,i}>}$ 对 $P_{MN,i}$, $N_{MN}$, $N_{BS}$ 签名获得 $HIBS_{K_{<ID_{C-PKG},P_{MN,i}>}}$ ($P_{MN,i} \parallel$ $N_{MN} \parallel N_{BS}$), 接着使用 $K_{MN,BS}$ 对消息 $M_{MN,BS}$ 加密后, 发送 $P_{MN,i}$、$E_{SK_{MN,BS}}$ ($M_{MN,BS}$) 给 BS。

4) BS 收到消息后, 首先解密 $E_{SK_{MN,BS}}$ ($M_{MN,BS}$), 其次验证 HIBS 签名的正确性, 若正确, 则证实了节点 MN 的可信性。至此, 双方完成匿名身份认证。

| MN | | BS |
|---|---|---|
| $a \in \mathbb{Z}_q^*$ | | $b \in \mathbb{Z}_q^*$ |
| $R_{MN} = aP$ | | $R_{BS} = bP$ |
| | $P_{MN,i}, ID_{BS}, R_{MN}, TS_{MN}, HIBE_{ID_{BS}}(ID_{C-PKG}),$ | |
| | $\xrightarrow{HIBS_{ID_{MN}}(P_{MN,i}, ID_{BS}, R_{MN}, TS_{MN}, HIBE_{ID_{BS}}(ID_{C-PKG}))}$ | |
| | $ID_{BS}, P_{MN,i}, R_{BS}, TS_{BS},$ | |
| | $\xleftarrow{HIBS_{k_{ID_{BS}}}(ID_{BS}, P_{MN,i}, R_{BS}, TS_{BS})}$ | |
| $SK_{MN,BS} = abP$ | | $SK_{BS,MN} = abP$ |

**图 2-10 匿名认证协议流程**

5) 为保证后续通信的匿名性以及不可追踪性, 接入终端在通信过程时, 还需要变换不同的假名标识进行通信。本方案通过哈希函数产生链路会话假名集及对应的私钥。例如, 终端 MN 通过哈希函数生成相应的假名会话标识集 $LP_{MN,BS}$ 以及对应的密钥 $LSK_{MN,BS}$, 基站 BS 类似产生 $LP_{BS,MN}$, $LSK_{BS,MN}$, 如下式所示, 其中 LinkID、LinkKey 为字符串。

$$LP_{MN,BS} = \{LP_{MN,BS}^i = H(LinkID \parallel N_{MN} \parallel N_{BS} \parallel SK_{MN,BS} \parallel i), 1 \le i \le n\},$$

$$LSK_{MN,BS} = \{LSK_{MN,BS}^i = H(LinkKey \parallel N_{MN} \parallel N_{BS} \parallel SK_{MN,BS} \parallel i), 1 \le i \le n\},$$

$$LP_{BS,MN} = \{LP_{BS,MN}^i = H(LinkID \parallel N_{BS} \parallel N_{MN} \parallel SK_{BS,MN} \parallel i), 1 \le i \le n\},$$

$$LSK_{BS,MN} = \{LSK_{BS,MN}^i = H(LinkKey \parallel N_{BS} \parallel N_{MN} \parallel SK_{BS,MN} \parallel i), 1 \le i \le n\}$$

具体的匿名通信流程如图 2-11 所示, 节点每次通信采用不同的会话假名来标识消息发送方, 并使用对应的私钥进行传输数据 Date 的机密与完整性保护, 保证了匿名通信过程中的不可追踪性与安全性。

## 2.4.2 性能与安全性分析

下面对匿名认证方案的性能与安全性进行分析比较。

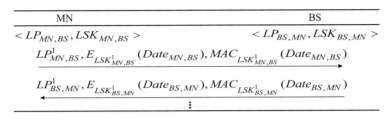

**图 2-11　后续匿名通信流程**

（1）性能分析。将本方案与现有同类型方案 MASK 以及 SEAMAN 进行性能分析与对比，如表 2-8 所示。在通信开销方面，本方案通过基于分级身份的签名与加密算法实现，在认证过程中，不需要传递证书，避免了两阶段协商，其通信交互次数为 3 次，次数与 MASK 方案相同，并且小于SEAMAN 方案。在计算开销方面，由于 SEAMAN 方案未给出具体的签名算法，所以，仅与 MASK 方案进行比较。本方案需要对节点的子 PKG 进行加密保护及对消息进行签名认证，所以需要 4 次双线性对运算，其计算开销大于 MASK 协议。但是，本方案具有分级身份密码功能，能够适应大规模网络环境部署，而 MASK 协议仅支持单一 PKG 管理环境，可扩展性差。

在假名撤销方面，本方案及 SEAMAN 方案通过陷门密钥产生假名标识，当需要撤销时，PKG 节点仅需公布陷门密钥及假名数目 $n$ 即可，不需要公布该节点所有的假名。网络中的节点收到假名撤销列表后能够自行计算出所有被撤销的假名，从而减少了假名撤销列表的体积，而 MASK 方案需要将节点所有的假名公布，因此通信开销大。例如，令节点的身份标识 ID 长度为 20 字节，假名标识数目 $n$ 为 2 字节，网络中需要撤销的节点数为 100 个，每个节点拥有的假名标识为 1000 个，则 MASK 方案需要发布的假名撤销列表体积为 1.9M，而 SEAMAN 方案约为 1.95KB，本方案为 2.14KB。可以看出本方案的假名撤销列表体积与 SEAMAN 方案大致相同，远小于 MASK 方案。

**表 2-8　匿名认证方案性能比较**

| 方案 | 通信次数 | 计算开销 | 撤销列表通信开销 |
|---|---|---|---|
| MASK | 3 | $1T_P$ | $N×L×20B$ |
| SEAMAN | 6 | $N/A$ | $N×20B$ |
| 本方案 | 2 | $4T_P$ | $N×(20+2)B$ |

（2）安全性分析。在本方案中，节点通过更换不同的假名标识，保证了节点真实身份的保密性。同时，当节点被入侵，或者被俘获时，PKG 通过公布假名撤销列表，能够及时撤销问题节点，保证网络的安全性。

### 2.4.3  仿真实验

本书采用 OPNET 仿真工具对 MASK、SEAMAN 及本方案进行仿真实验与性能比较。仿真环境为 2km² 的区域内设置 100 个节点，节点运动模型为 Random Way Point，节点通信半径为 200m，运动速度范围 5-30m/s。节点与其通信范围内相遇的节点随机发起认证协议。仿真实验主要比较认证成功率，即认证成功的次数与总认证次数之比，以及匿名撤销列表的传输成功率，即撤销列表传输成功次数与传输总次数之比。

图 2-12 为不同节点移动速度下，认证成功率的比较。从图中可以看出：随着节点移动速度的增加，3 种方案的认证成功率均有所下降，其主要原因是节点的快速移动导致链路连接易中断，从而产生认证失败。但是，本方案及 MASK 的认证成功率下降较慢，因为本方案及 MSAK 方案仅需交互 3 次消息，而 SEAMAN 方案需要交互 6 次消息，通信开销较大，所以成功率低。

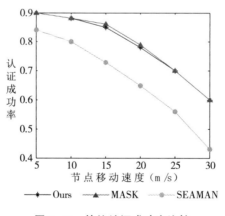

图 2-12  协议认证成功率比较

图 2-13 为不同撤销节点数目下，匿名撤销列表传输成功率的比较，为方便比较机制的性能以及可扩展性，本书令撤销列表中撤销节点数目不受网络中现有节点数目的限制，同时设定节点的运动速度为 25m/s。从图中可

以看出，当撤销节点数目增加时，MASK 方案需要将撤销节点所有的匿名身份公布，导致撤销列表体积快速增长，所以撤销列表传输成功率受影响较大。而本方案及 SEAMAN 方案只需要公布节点的匿名陷门密钥以及数量即可，列表体积受撤销节点数目的影响不大，其体积远小于 MASK 方案，因此撤销列表传输成功率高。

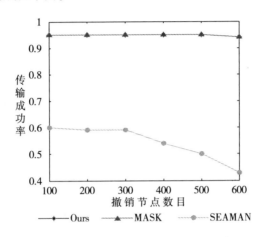

图 2-13　匿名撤销列表传输成功率比较

通过仿真实验可以看出，本书的匿名认证机制的协议认证成功率优于 SEAMAN 方案，同时，撤销列表传输成功率优于 MASK 方案。因此，本方案的综合性能最优。

# 2.5　本章小结

本章针对 LDTN 网络的特点，设计了基于分级身份签名算法的接入认证协议，该协议依赖分级身份密码机制，具有密钥分级派生功能，能够适应 LDTN 网络环境；通过高效签名算法降低认证开销，能够适应连通短暂的链路。该协议具有双向认证以及安全会话密钥建立功能。与同类协议相比，该协议在保证安全的前提下，认证开销小，成功率高，更适合在 LDTN 网络中应用。

同时，本章针对网络多用户接入的需求，研究了并发接入认证机制。

当短时间内到达多个接入认证请求时，基站通过基于批验签的多用户并发接入认证协议实施认证，协议采用 HIBS 批验签算法与 HTPS 错误签名筛选算法实现高效并发接入。性能分析与仿真实验表明，协议的并发认证效率高于现有认证协议，能够满足网络集群用户并发接入认证需求。

最后，针对 LDTN 网络中重要节点身份及位置的机密性，在接入认证协议的基础上，提出了一种可高效撤销的匿名接入认证方案，通过假名标识集实现匿名认证，通过秘密陷门机制，实现假名高效撤销。

# 3 LDTN 广播认证机制

本章针对飞行器并发接入无线传感器网络的 LDTN 应用场景，提出一种基于消息驱动的 μTESLA 协议的广播认证协议。该协议将密钥链与时间通过模运算相关联，避免了周期性广播参数包，适合 LDTN 网络移动式基站应用场景。另外，针对多级 μTESLA 协议易受拒绝服务攻击及错误恢复时延长这一缺点，本书提出一种新的多级 μTESLA 协议。该协议通过使用底层密钥链认证参数包，减轻 DOS 攻击影响；利用高层密钥产生底层密钥链，缩短了错误恢复时延，并采用动态增加参数包缓存的方式，提高了错误恢复成功率。

## 3.1 LDTN 广播认证机制研究现状

在 LDTN 网络中，空中飞行器可以通过低速链路获取地面无线传感器网络的信息，并通过高速链路将数据经卫星节点转发给后方指挥中心，如图 3-1 所示。通过该方法，能够有效利用 LDTN 网络的优势，提高信息传输速度。

飞行器在广播发送信息时，需要向众多无线传感器节点并发证明消息及身份的合法性，一般采用广播认证协议来实现。

众多学者对无线传感器广播认证协议进行了研究，目前主要存在两种广播认证方式。一种是公钥签名方式，但是这种方式的计算与存储开销较大，较难应用在资源受限的传感器节点上；另一种是基于消息验证码的方式。μTESLA 协议是一种基于消息验证码的经典协议，协议通过延迟暴露单向密钥链机制实现非对称认证，仅使用对称加密原语，所以适用于资源受限的传感器网络。由于 μTESLA 协议是在流媒体传输认证协议 TESLA 基础

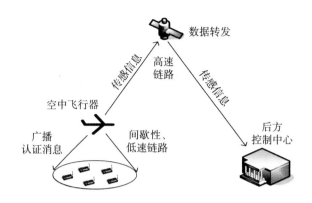

**图 3-1 飞行器对无线传感器网络进行广播认证的示意图**

上的改进，所以 μTESLA 协议继承了 TESLA 协议在连续性广播数据流中性能良好的特点。但是，当传感器网络中基站广播的数据多为查询和控制等信息，数据流呈现间歇性及随机性特点时，由于每个密钥链均与具体时间段相对应，为了保证认证的时效性，需要在具体时间到来之前将对应的确认密钥发送给节点。当长时间基站无业务数据发送时，周期性广播参数包给传感器节点，将造成通信量的增加与节点资源的消耗。并且更重要的是，周期性广播参数包机制导致网络中需要固定基站对协议进行全程维护，因此不适合应用在移动式基站场景（例如基站为飞行器）。

针对 μTESLA 协议需要采用单播方式传输初始参数，存在难以扩展的问题。Multilevel μTESLA 协议通过预先在传感器节点中存储初始参数的方法解决，并引入多层密钥链，通过高层密钥链认证低层密钥链、低层密钥链认证广播数据包来增长密钥链的认证时长。但是其在发送参数包时存在延时问题，易导致 DOS 攻击问题。Tree-based μTESLA 协议通过事先产生多条 μTESLA 密钥链，并通过 Merkle 树分发参数包来解决 DOS 问题，能够支持多广播源节点。针对 Tree-based μTESLA 协议随着广播源节点的增加将产生大量参数包这一问题，蒋毅和杜志强等分别通过分级 Merkle 树及单向链机制改进参数包的产生方式，减少了参数包的通信量及计算量。但是上述协议均关注于改进 μTESLA 协议中确认密钥的分发方式，由于其数据认证机制均与 μTESLA 协议相同，所以仍需要周期性广播参数包，同样无法应用于移动式基站场景。

# 3.2　基于消息驱动的 μTESLA 广播认证协议

如前所述，现有的基于 μTESLA 无线传感器广播认证协议均需要有固定基站周期性广播密钥包，因此不适合基站为飞行器的移动式基站应用需求。针对这一问题，本书提出基于消息驱动的 μTESLA 广播认证协议，将密钥链与时间通过模运算相关联，不需要周期性广播参数包，适用于移动式基站场景。

## 3.2.1　μTESLA 协议存在的问题

首先对无线传感器经典广播认证协议 μTESLA 进行介绍，如图 3-2 所示。基站将时刻 $T$ 到 $T'$ 这一时间段分成 $n$ 个时间间隔，随机选择一个密钥 $K_n$，通过重复使用伪随机数生成函数 $F$ 产成一个单向密钥链 $<K_n>$，其中 $K_i = F(K_{i+1})$，$0 \leq i \leq n-1$。然后将 $K_0$ 作为整个密钥链的确认密钥安全地发布给所有接收者。

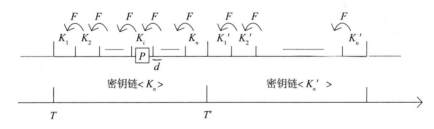

图 3-2　μTESLA 协议

当第 $i$ 个时间间隔基站需要广播数据包 $P$ 时，使用 $K_i$ 计算数据包的消息验证码（Message Authentication Code，MAC），发送数据包 $P$ 及其 MAC 值。传感器节点收到该数据包后暂时保存。等待 $d$ 个时间间隔后（$d$ 为密钥公布时延），基站公布密钥 $K_i$。这时所有的接收者根据事先保存的 $K_0$，通过式（3-1）来验证 $K_i$ 的正确性，若正确，则进一步通过 $K_i$ 验证数据包 $P$ 的合法性。

$$K_0 = F^i(K_i) \qquad\qquad (3-1)$$

在 μTESLA 协议中，每个密钥链均与具体时间段相对应，当广播消息的发送具有随机性时，为了保证认证的时效性，需要在具体时间到来之前将对应的确认密钥发送给节点。例如，基站需要在 $T'$ 时刻到达之前，将包含有确认密钥 $K'_0$ 的参数分发包（以下简称参数包）安全发送给所有传感器节点。当基站内长时间无业务数据发送时，基站仍需周期性发送参数包给传感器节点，造成通信量的增加与节点资源的消耗。并且更重要的是，需要基站对协议进行全程维护，因此它不适用于移动式基站的网络应用场景。

另外，现有基于 μTESLA 的无线广播认证协议（如 Multilevel μTESLA 协议、Tree-based μTESLA 协议等），其数据认证机制与 μTESLA 协议相同，所以同样需要固定基站对协议进行全程维护，无法应用在 LDTN 网络移动式基站的应用场景中。

### 3.2.2 基本 M-μTESLA 协议

基本 M-μTESLA 协议将各时间段映射到同一密钥链上，不需要为每一时间段单独分配密钥链，只有启动密钥链后，才需要分发新的参数包，从而避免基站周期性广播参数包，同时降低了通信开销。

（1）协议流程。协议流程如图 3-3 所示。初始化网络阶段，基站（飞行器节点）随机选取一个密钥 $K_n$，使用 $F$ 生成一个长度为 $n$ 的密钥链 $<K_n>$，其中 $K_i = F(K_{i+1})$，$0 \leq i \leq n-1$。将确认密钥 $K_0$、协议初始时刻 $T_{int}$、时间间隔个数 $n$ 以及其他相关参数（如时间间隔长度 $\Delta$ 等）存储在传感器节点中。

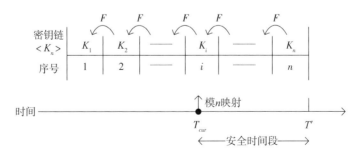

图 3-3　基本 M-μTESLA 协议

当基站移动到无线传感器通信区域时，将发送控制、查询等消息给传

感器节点，并且对消息进行认证，以防止恶意节点假冒攻击。基站首先使用公式（3-2），通过模 $n$ 运算计算出当前时刻 $T_{cur}$ 所映射到的密钥链序号 $i$，使用公式（3-3）计算出与之相对应的 $K_i$，然后计算出 MAC 值和广播数据包 $P$，$P = msg | MAC(K_i, msg)$，msg 为具体消息。

$$i = \left| \frac{T_{cur} - T_{int}}{\Delta} \right| \bmod n \qquad (3-2)$$

$$K_i = F^{n-i}(K_n) \qquad (3-3)$$

传感器节点收到数据包 $P$ 后，通过公式（3-2）计算接收 $P$ 时所对应的时间序号 $i$，将 $P$ 及 $i$ 暂存。

当时间超过 $i + d$ 时，基站公布 $K_i$，传感器节点通过事先保存的 $K_0$ 验证 $K_i$ 的正确性，并通过 $K_i$ 进一步验证 $P$ 的正确性。

本协议与其他基于 μTESLA 的广播认证协议的区别在于：本协议的密钥链通过模运算与时间关联，当基站不需要广播消息时，无须分发新的参数包来更新密钥链；而其他协议的密钥链与时间直接对应，当网络中数据流呈现间歇性及随机性特征时，即使在很长时间段内无消息广播，也需有固定基站周期性分发参数包来更新密钥链。所以本协议适用于移动式基站的网络环境，并且在通信开销方面具有更好的优势。

基本 M-μTESLA 协议由于初始时刻 $T_{int}$ 的唯一性，所以 $T_{cur}$ 所映射的序号及密钥也具有唯一性，保证了 $T_{cur}$ 到 $T'$ 这一时间段内协议的安全性。但是当密钥链 $<K_n>$ 使用后，其所有密钥都被公开，恶意节点可以在时刻 $T'$ 后发送合法的广播消息，假冒基站。为了防止该问题发生，基站需要产生一个新的密钥链 $<K'_n>$，将包含有确认密钥 $K'_0$ 的参数包在时间 $T'$ 到达之前通过安全的方式分发给其他节点，令其在 $T'$ 后使用新的密钥链。

另外，本协议利用早期的密钥链分发下一密钥链的参数包。例如可以使用密钥链 $<K_n>$ 中的密钥来认证下一密钥链 $<K'_n>$ 的参数包。同时，为了克服无线信道传输时的高丢失率，基站周期性广播参数包，以提高节点接收到参数包的概率。

（2）协议分析。

1）性能分析。令密钥链具有 $n$ 个密钥，则产生或验证一个密钥链需要进行 $n$ 次 $F$ 计算，其计算量与 μTESLA 协议相同。由于参数包分发机制与 μTESLA 协议相同，所以分发参数包的通信开销与 μTESLA 协议也相同。另外，当无消息广播时，由于基站不需要产生新的密钥链及分发参数包给节点，所以计算开销及通信开销均低于 μTESLA 协议，且不需要基站的实时在线。

2）安全性分析。基本 M-μTESLA 协议具有弱安全性，易受网络连通性及 DOS 攻击的影响。设基站在 $T_{cur}$ 时刻开始广播消息，则从 $T_{cur}$ 到 $T'$ 这一时间段内，方案使用与 μTESLA 机制相同的认证方式，所以安全性也与 μTESLA 相同。但是当 $<K_n>$ 使用过后，由于整个密钥链暴露，任何节点都可以假冒基站发送合法消息，所以需要在 $T'$ 后使用新的密钥链 $<K'_n>$，但是采用这种方法有一个安全假设：基站能够在 $T'$ 时刻到来前将包含 $K'_0$ 的参数包分发给所有节点，使得节点能够更新密钥链。这对网络的连通性提出了很高的要求，需要网络在任何时刻都是连通的。而在 LDTN 网络环境中，该安全假设很容易被破坏：①由于传感器网络使用无线信号，且部署环境复杂，很容易造成网络连接的中断；②即使网络是连通的，攻击者也能够通过 DOS 攻击等方法阻塞网络，使得传感器节点在 $T'$ 到来前无法收到参数包，导致攻击成功。

### 3.2.3  多层 M-μTESLA 协议

针对基本 M-μTESLA 协议存在的安全问题，本书进一步提出改进方案—多层 M-μTESLA 协议（Multilevel Message-driven μTESLA，$M^2$-μTESLA），借鉴多层 μTESLA 协议的思想，对基本协议引入多层密钥链来标识密钥的使用时间，阻止密钥被重复使用，使其无法被恶意节点所利用。

（1）协议流程。为了叙述方便，首先介绍两层 M-μTESLA 协议。如图 3-4 所示，在协议中，底层密钥链 $<K_{1,n_1}>$ 为数据认证密钥链，功能与基本方案的密钥链相同，用于对发送的数据包进行认证，其时间间隔短，有利于认证的实时性；上层密钥链 $<K_{2,n_2}>$ 为时间认证密钥链，用于标识数据认证密钥链 $<K_{1,n_1}>$ 的使用时间，其时间间隔为下层整个密钥链的时长，覆盖时间长，有利于阻止底层密钥链在短时间内被重复使用。

协议整个流程如下：

1）基站使用两个不同的伪随机函数 $F_1$、$F_2$ 分别产生密钥链 $<K_{1,n_1}>$，$<K_{2,n_2}>$。令底层密钥链 $<K_{1,n_1}>$ 的时间间隔长度为 $\Delta_1$，共有 $n_1$ 个；上层密钥链 $<K_{2,n_2}>$ 的时间间隔为 $\Delta_2$，$\Delta_2 = n_1 \times \Delta_1$，共有 $n_2$ 个。基站在初始化网络时，将

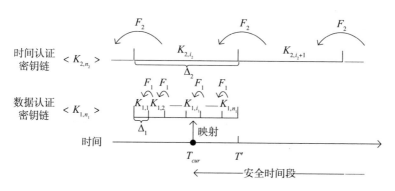

图 3-4 多层 M-μTESLA 协议

两个密钥链所对应的确认密钥 $K_{1,0}$、$K_{2,0}$ 及 $\Delta_1$、$\Delta_2$、$n_1$、$n_2$、$T_{int}$ 等相关参数存储于传感器节点中。

2）当基站移动到无线传感器通信覆盖区域，需要发送广播消息 msg 时，首先使用式（3-4）计算出当前时间所映射的时间序号 $i_1$、$i_2$（其中 $i_1$ 为底层密钥链的序号，$i_2$ 为上层密钥链的序号），使用式（3-5）计算对应的 $K_{1,i_1}$、$K_{2,i_2}$，然后广播数据包 $P$，$P = msg \mid MAC(K_{1,i_1}, msg \mid K_{2,i_2})$，其中，$K_{1,i_1}$ 为认证密钥，用于产生消息摘要，$K_{2,i_2}$ 用于标识 $K_{1,i_1}$ 使用的时间。

$$i_j = \lfloor \frac{T_{cur} - T_{int}}{\Delta_j} \rfloor \bmod n_j, \ j = 1, \ 2 \qquad (3-4)$$

$$K_{j,\ i_j} = F^{n_j - i_j}(K_{j,\ n_j}), \ j = 1, \ 2 \qquad (3-5)$$

3）传感器节点收到 $P$ 后，计算当前时间所对应的序号 $i_1$、$i_2$，并与 $P$ 一同保存。

4）当时间超过 $i+d$ 时，基站公布 $K_{1,i_1}$、$K_{2,i_2}$。接收节点首先通过 $K_{1,0}$、$K_{2,0}$ 验证 $K_{1,i_1}$、$K_{2,i_2}$ 的正确性，然后通过 $K_{2,i_2}$ 验证该密钥链的时效性，通过 $K_{1,i_1}$ 验证消息来源的合法性。当两者均正确时则接受该广播数据包 $P$。

需要注意的是，本书的多层 M-μTESLA 协议与多层 μTESLA 协议的不同之处在于：①所有密钥链均是通过模运算与时间相映射；②增加的时间认证密钥链$<K_{2,n_2}>$用于标识底层密钥链$<K_{1,n_1}>$所使用的时间，而不是用于分发底层密钥链，因此，基站只能公布$<K_{2,n_2}>$中的 $K_{2,i_2}$，而对 $K_{2,i_2}$ 之后的密钥需要严格保密，不能继续使用。否则，将使得恶意节点在时刻 $T'$ 后伪造出正确的认证数据。

在两层 M-μTESLA 协议中，通过引入了第 2 层时间认证密钥链 $<K_{2,n_2}>$，使得恶意节点在时刻 $T'$ 后虽然拥有 $<K_{1,n_1}>$ 的所有密钥，但是由于无法获知 $<K_{2,n_2}>$ 在 $T'$ 后的密钥，所以只能等待 $<K_{2,n_2}>$ 所覆盖时间结束后，才能假冒出正确的认证信息。由于第 2 层密钥链的时间间隔相对较长，可以通过覆盖传感器网络的有效范围，使得恶意节点无法在网络生命期内伪造出正确的认证消息，保证多层 M-μTESLA 协议具备强安全性。例如，令第 1 层密钥链间隔时间 $\Delta_1 = 100ms$，$n_1 = 1000$，相应的第 2 层密钥链间隔时间 $\Delta_2 = 100s$。令 $n_2 = 1000$，则第 2 层密钥链的时间长度为 $n_2 \times \Delta_2$，大约能够覆盖 $27h$。更进一步地，可通过增加时间认证密钥链的层数，将两层 M-μTESLA 协议扩展到多层 M-μTESLA 协议。如采用三层密钥链时，令新增的第 3 层时间认证密钥链的 $n_3$ 等于 1000 时，则有效时间长度将达到 3 年左右，能够满足大多数传感器网络的应用需求。

（2）基于 Merkle 树的参数包分发机制。多层 M-μTESLA 协议通过引入多层时间认证密钥链使得恶意节点无法在网络生命期内伪造出合法的广播数据包。与基本方案相同的是，底层数据认证密钥链 $<K_{1,n_1}>$ 在使用完后将导致其所有密钥公开，所以必须使用新的密钥链，并将对应的参数包在时刻 $T'$ 到达前发送给传感器节点。但是使用 3.2.2 节的方法，仍会受到网络中断及 DOS 攻击的影响：当传感器未能及时接收到参数包时，将导致后面的密钥链均无法认证，虽然恶意节点无法伪造出合法的数据包，但是这将使得基站失去对传感器节点的控制。

针对该问题，本书采用与 Tree-based μTESLA 协议相同的方法，利用 Merkle 树机制分发参数包。Merkle 树的组织结构为二叉树，树的非叶子节点赋值为它左孩子与右孩子连接后的哈希值。以两层 M-μTESLA 协议为例，参数包的分发过程如下：

1）基站产生 $n$ 个两层密钥链，并分配一个唯一的 $ID$，$ID = \{1, \cdots, n\}$。将对应的确认密钥通过哈希函数 $H$ 生成 Merkle 树的叶子节点。例如，在图 3-5 中有 8 个密钥链，令第 3 个密钥链的确认密钥为 $K_{1,0}$、$K_{2,0}$，则对应的叶子节点为 $N_3$，$N_3 = H(K_{1,0} | K_{2,0})$。将 $\{N_1, \cdots, N_8\}$ 作为叶子构成一个 Merkle 树，产生根节点 $h_{18}$，$h_{18} = H(H(H(N_3 | N_4) | h_{12}) | h_{58})$。基站将 $h_{18}$ 事先保存在各传感器节点内部。

2）当基站需要广播密钥链的确认密钥给节点时，将生成一个参数证书

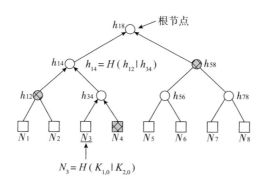

**图 3-5  使用 Merkle 树产生参数包的例子**

ParaCert。例如，第 3 个密钥链的参数证书为：$ParaCert3 = \{K_{1,0}, K_{2,0}, N_4, h_{12}, h_{58}\}$。由于传感器操作系统 TinyOS 中数据包的最大负载为 29B，所以需要将参数证书拆分成多个参数包来发送。

3）节点收到证书后，验证 $H(H(H(H(K_{1,0}|K_{2,0})|N_4)|h_{12})|h_{58})$ 是否等于预先保存值 $h_{18}$，若相等，则说明证书是合法的，将 $K_{1,0}$、$K_{2,0}$ 保存。

相应地，基站在广播数据包 P 中，还需在数据包中增加对应的密钥链序号 ID，即 $P = msg|ID|MAC(K_{1,i_1}, msg|ID|K_{2,i_2})$。

基于 Merkle 树的参数包分发机制具有以下几个优点：①抗 DOS 攻击。节点收到参数包后，可立即对参数包的合法性进行验证，减少了 DOS 攻击的成功率。②容忍丢失。某一参数证书的丢失不会影响其他参数证书的接收与认证。③存储量小。传感器节点仅需存储一个根节点数据；④支持多个广播源节点。方法与 Tree-based μTESLA 协议相同，此处不再赘述。

## 3.2.4  协议分析与仿真实验

（1）协议分析。下面对协议的性能与安全性进行分析。设基站生成 $n$ 个 $m$ 层 M-μTESLA 密钥链。每层密钥链有 1000 个密钥，则其性能分析如下：①计算开销。基站需要在协议初始阶段产生 $n$ 个密钥链和一个 Merkle 树，基站需要计算 $n \times m \times 1000$ 次 F 运算以产生密钥链，计算 $2n-1$ 次哈希运算产生 Merkle 树。传感器节点的计算开销包括：参数证书的认证，需要计算 $\lceil \log n \rceil + 1$ 次 hash 运算；数据包的认证，最多需要计算 $(i_1 + i_2)$ 次 F 运算。由于伪随机数生成函数的高效性，所以计算开销可以接受。②存储开销。基站需要存储 $n$ 个密钥链、一个 Merkle 树,由于基站的存储能力较强,且可以只保存密钥链的确认密钥,在使用时重新生成整个密钥链,因此基站可以负担。传感器节点仅需要存储一个 Merkle 树的根节点,$m$ 个当前确认密钥,共需要 $(m+1) \times 8B$,存储量小。③通信开销。基站需要分发参数包给节点,每个参数证书中包括 $\lceil \log n \rceil$ 个 Merkel 树节点及 $m$ 个确认密钥,生成 $\lfloor (\log n + m)/2 \rfloor$ 个参数包。按每个参数包 36B 计算,则共需 $\lfloor (\log n + m)/2 \rfloor \times 36B$。另外,当无消息广播时,基站无须发送参数包。此外,还可以采用分级 Merkler 树的方法进一步减少参数包的数目。

在协议安全性方面,多层 M-μTESLA 协议通过引入多层密钥链及基于 Merkle 树的参数包分发机制改进基本 M-μTESLA 协议的安全问题。通过多层密钥链的使用,使得恶意节点无法在网络生命期内假冒基站,发送合法的认证消息;通过 Merkle 树机制分发参数包,使得恶意节点无法能够通过 DOS 攻击等手段,导致基站对节点失去控制。

(2)仿真验证。采用 OPNET 对多层 M-μTESLA 协议、Tree-based μTESLA 协议及 Multilevel μTESLA 协议进行仿真(为了叙述方便,以下各协议分别简称为 M-based 协议、Tree-based 协议及 Multilevel 协议),并对三者的性能进行比较。由于 Tree-based 协议及 Multilevel 协议并不支持移动式基站的网络应用场景,为了能够进行比较,因此在仿真场景中设置基站固定。性能比较侧重于参数包及数据包的认证成功率、参数包的平均通信开销及丢包后的平均错误恢复时延。

令整个传感器网络的生存周期为 200min,采用两层 M-based 协议密钥链,其中:$\Delta_1 = 100ms$;$n_1 = 600$;$\Delta_2 = 1min$;$n_2 = 200$。整个密钥链可以持续 200min,能够覆盖网络生存周期。为了方便与其他协议进行比较,令 M-based 协议能够支持任意多个广播事件(最坏的情况),产生 200 个密钥链,每个参数包最大负载为 29B。Multilevel 协议中每个节点分配 20 个确认参数分发消息(Commitment Distribution Messages,CDM)缓存。同时,为了研究在 DOS 攻击及通信错误情况下协议的性能,令攻击者每分钟发送 200 个伪造的错误参数包,信道错误率为 0.2。

图 3-6 为参数包认证成功率的比较。可以看出:M-based 协议的参数包认证成功率与 Tree-based 协议基本相同,主要原因是两个协议均采用 Merkle 树机制分发参数包。虽然两层 M-based 协议参数包中的认证密钥参数比 Tree-based 协议多 1 个,但是 Tree-based 协议参数包需要额外发送每个密钥

链的启动时间等参数，故两个协议的参数包数目相同。Multilevel 协议则因为其参数包认证时延长问题，易受 DOS 攻击的影响，认证成功率低。

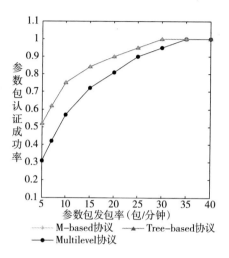

**图 3-6　参数包认证成功率比较**

图 3-7 为数据包认证成功率的比较。可以看出：M-based 协议的认证成功率略低于 Tree-based 协议，主要是因为 Tree-based 协议中各个密钥链均关联在一起，前一密钥链的密钥可通过后一密钥链推算出来。但是由于传感器节点存储数据包的空间非常有限，导致大部分先前数据包已被丢弃，所以两个协议性能相差不大。而 Multilevel 协议则因参数包认证成功率低，导致其数据包认证成功率也低。

图 3-8 为不同数据流模式下对参数包发包率的比较。令三种协议的数据包认证成功率均达到 95%。图 3-8（a）为平稳数据流情况下参数包发包率的比较，设定数据包发送率为 200 个/分钟。可以看出：Tree-based 协议及 Multilevel 协议的参数包发包率均与数据包的发送模式无关，为一固定值，而 M-based 协议则受数据流模式的影响。当时间间隔为 0 时，数据流为连续恒定流，此时 M-based 协议的发包率高于 Tree-based 协议，原因是 M-based 协议的数据包认证成功率低于 Tree-based 协议。因此，需要发送更多的参数包来弥补。但是随着间歇时间的延长，M-based 协议的发包率不断减少，这是因为在无数据包发送的时间段内，M-based 协议不需要发送参数包；图 3-8（b）为在符合泊松分布的随机数据流情况下，对 M-based 协议发包率的影响。从图中可以看出，在稀疏数据流时，由于多数时间段内无

数据广播，所以参数包发包率低。但是随着数据流发送的密集，发包率逐渐增加。由此可以看出 M-based 协议在连续性广播数据流中，参数包的发包率高于 Tree-based 协议，低于 Multilevel 协议。但是在间歇性随机广播数据流中，参数包的发包率明显低于其他两个协议。

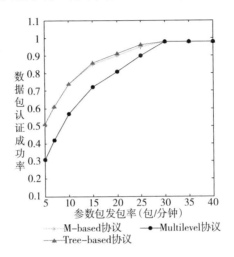

**图 3-7　数据包认证成功率比较**

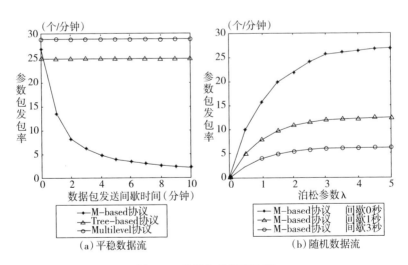

**图 3-8　参数包发包率比较**

　　图 3-9 对参数包丢失后的平均错误恢复时延进行比较，令基站每分钟分发 25 个参数包。可以看出：随着信道丢失率的上升，M-based 协议的平

均恢复时延与 Tree-based 协议基本相同——均与信道丢失率成正比。Multi-level 协议不受丢包率的影响，但是其恢复时延较长。

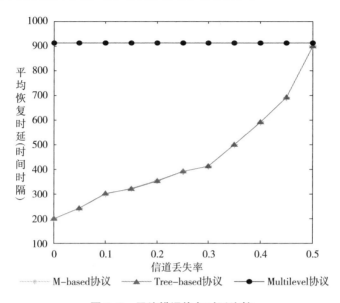

图 3-9    平均错误恢复时延比较

从上述仿真实验中可以看出，在基站固定的应用场景下，虽然 M-based 协议数据包的认证成功率略低于 Tree-based 协议，但是其参数包认证成功率、错误恢复时延均与 Tree-based 协议相同，并且各项指标均优于 Multilevel 协议。同时，在间歇性随机广播数据流中，M-based 协议中基站的参数包发包率低于其他两个协议，整个协议的通信负载低于其他两个协议。所以本协议适合在传感器网络中的广播数据多为查询、控制等间歇性随机数据流的场合使用。而且更重要的是，本协议能够支持移动式基站的应用场景，而其他协议无法支持。

综上所述，本协议能够支持网络移动式基站的应用场景，同时，在间歇性随机广播数据包情况下，通信负载低于现有同类型协议。

# 3.3 一种新的多级 μTESLA 广播认证协议

多级 μTESLA 协议是 μTESLA 协议的改进版本，它通过多级密钥链机制解决了初始参数安全分发问题，但是其本身易受拒绝服务（Denial of Service，DOS）攻击的影响并且错误恢复时延长。

本书对多级 μTESLA 协议进行改进，提出一种新的多级 μTESLA 协议，减轻其分发参数包时受到 DOS 攻击的可能性，缩短了错误恢复时延，通信开销小，并且不易受网络丢包率的影响。

## 3.3.1 多级 μTESLA 协议存在的问题

首先对多级 μTESLA 协议进行介绍，为叙述方便，以两级 μTESLA 协议为例。如图 3-10 所示，整个传感器网络生命周期被分成了 $n_0$ 个间隔时间为 $\Delta_0$ 的高层时间段，分别记为 $I_1, I_2, \cdots, I_{n_0}$。随机选择一个密钥 $K_{n_0}$，通过伪随机数生成函数 $F_0$ 产成一个单向高层密钥链 $<K_0>$，其中 $K_i = F_0(K_{i+1})$，$0 \leqslant i \leqslant n_0 - 1$。每个密钥 $K_i$ 与高层时间段 $I_i$ 相对应。进一步地，每一个高层时间段 $I_i$ 被分成 $n_1$ 个间隔时间为 $\Delta_1$ 的底层时间段，分别记为 $I_{i,1}, I_{i,2}, \cdots, I_{i,n_1}$。选择一密钥 $K_{i,n_1}$，通过伪随机数生成函数 $F_1$ 产成一个单向底层密钥链 $<K_{i,0}>$，其中 $K_{i,j} = F_1(K_{i,j+1})$，$0 \leqslant j \leqslant n_1 - 1$，同样，每个密钥 $K_{i,j}$ 与底层时间段 $I_{i,j}$ 相对应。为了保证密钥的可恢复性，$I_i$ 时刻的底层密钥链由 $I_{i+1}$ 时刻的高层密钥派生出来，即 $K_{i,n_1} = F_{01}(K_{i+1})$。协议使用高层密钥链认证底层密钥链，底层密钥链认证广播数据包。由于底层密钥链中的时间间隔很短，能够保证数据认证的及时性，而高层密钥链的时间间隔是整个底层密钥链的全长，所以仅需要相对少量的密钥个数，增长了密钥链的认证时长。

当传感器节点初始化时，基站通过离线的方式与节点同步时间，并将协议启动时间、高层密钥链的确认密钥 $K_0$、时间间隔 $\Delta_0$、底层密钥链的确认密钥 $K_{1,0}$、时间间隔 $\Delta_1$、底层密钥公布时延 $d$ 等相关参数存储在传感器中。

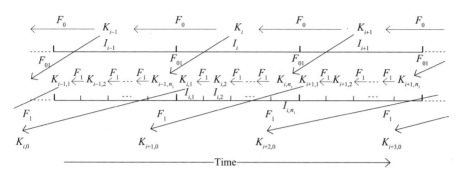

图 3-10  多级 μTESLA 协议

当基站在时间段 $I_{i,j}$ 中广播数据时，使用 $K_{i,j}$ 计算数据的消息验证码（Message Authentication Code，MAC），并与数据一同发送。当节点在时间段 $I_{i,j}$ 中收到数据后，暂时保存，等到时刻 $I_{i,j}+d$ 时，基站公布 $K_{i,j}$，节点通过事先获得的 $K_{i,0}$ 验证 $K_{i,j}$ 的合法性，再通过 $K_{i,j}$ 验证数据的合法性。

为了让传感器节点在时间段 $I_i$ 能够使用底层密钥链 $<K_{i,0}>$ 进行数据认证，必须使传感器在 $I_i$ 到来之前获得确认密钥 $K_{i,0}$。实现方法是基站在每一个时间段 $I_i$ 中广播确认参数分发消息（Commitment Distribution Message，CDM），记作 $CDM_i$。如式（3-6）所示，CDM 包中包含有包标识 $i$、底层密钥链 $<K_{i+2,0}>$ 的确认密钥 $K_{i+2,0}$，并使用高层密钥 $K_i$ 产生 MAC 值进行认证，同时还包括高层密钥 $K_{i-1}$。传感器节点在时间段 $I_i$ 收到 $CDM_i$ 后将其缓存，等到 $I_{i+1}$ 时通过 $CDM_{i+1}$ 中的 $K_i$ 对 $CDM_i$ 进行认证，从而验证 $K_{i+2,0}$ 的合法性。

$$CDM_i = i \mid K_{i+2,0} \mid MAC_{k_i}\ (i \mid K_{i+2,0}) \mid K_{i-1} \qquad (3-6)$$

多级 μTESLA 协议虽然解决了 μTESLA 协议难以扩展的缺点，但是其本身带来了两个新的问题：

（1）CDM 的认证易受 DOS 攻击影响。CDM 通过高层密钥链进行分发认证，传感器节点收到 CDM 后需要将其暂时缓存一个高层时间间隔 $\Delta_0$。由于 $\Delta_0$ 时间较长（通常设置 $\Delta_0$ 为 1min），攻击者可发送大量的伪造 CDM 包，使得传感器节点缓存耗尽，降低其接受正确 CDM 的可能性。

（2）错误恢复时延长。当传感器节点未收到正确的 $CDM_{i-2}$ 时，将在时间段 $I_i$ 中无法使用密钥链 $<K_{i,0}>$ 对数据包进行认证。节点需要暂时将数据包缓存，并在时间段 $I_{i+2}$ 通过公布的高层密钥 $K_{i+1}$ 恢复密钥链 $<K_{i,0}>$，完成对缓存数据包的认证。错误恢复需要等待两个 $\Delta_0$，时延长。更进一步地，当网络发生长时间中断，时刻 $I_i$ 时恢复通信，由于传感器没有获得 $CDM_{i-2}$ 及 $CDM_{i-1}$，所以无法对 $I_i$、$I_{i+1}$ 时刻的数据包进行认证，最快也需等到时间段 $I_{i+2}$ 才能恢复对数据包的认证。由于传感器节点资源有限，错误恢复时延长将导致大部分缓存数据包被丢弃。

抗 DOS 攻击的多级 μTESLA 协议（DOS-Resistant Multilevel μTESLA）通过在 $CDM_i$ 包中包含 $CDM_{i+1}$ 的哈希值来减轻 DOS 攻击的影响，若节点已经认证 $CDM_i$，则当收到 $CDM_{i+1}$ 后可立即对其认证，无须等待。但是该协议需要基站提前计算出所有的密钥链，并需要存储全部的参数包，计算量与存储量大，不具备实用性。另外，其错误恢复时延长问题依旧没有改变。

Tree-based μTESLA 协议通过 Merkle 树机制分发认证参数包缓解 DOS 攻击问题。但是协议需要提前计算所有密钥链，并且密钥链的使用时间固定，灵活性差，同时密钥链的增加，将导致参数包通信量快速增加，且易受信道丢包率的影响。蒋毅和杜志强等分别通过分级 Merkle 树和单向链的方式在一定程度上缓解了 Tree-based μTESLA 协议参数包通信量大的问题，但是多次分发参数包将会带来认证成功率降低及受信道丢包影响严重等新的问题。另外，蒋毅等采用压缩 bloom filter 代替 Merkle 树机制分发参数包，减少了通信开销，但是 bloom filter 机制具有正向错误（False Positive）的可能性，存在安全隐患。

针对上述问题，本书在多级 μTESLA 协议的基础上提出一种新的广播认证协议，减轻其分发参数包时受 DOS 攻击的影响，缩短错误恢复时延，通信开销小，且不易受信道丢包率的影响。

### 3.3.2 一种新的多级 μTESLA 广播认证协议

本书通过两个机制对多级 μTESLA 协议进行改进：第一，通过使用底层密钥链认证确认密钥参数包。由于底层密钥链的时间间隔短，所以不易导致 DOS 攻击问题。第二，通过使用高层密钥产生同一时间间隔的底层密钥链，缩短了错误恢复时延，并采用动态增加参数包缓存的方式，提高了错误恢复成功率。下面对改进机制分别进行说明。

（1）基于底层密钥链的参数包认证机制。为了让传感器节点在时间段 $I_{i+1}$ 能够使用底层密钥链 $<K_{i+1,0}>$ 认证消息，传感器节点必须在 $I_{i+1}$ 之前收到

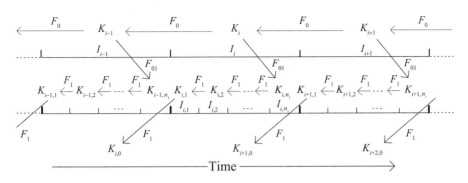

图 3-11 一种新的多级 μTESLA 协议

确认密钥 $K_{i+1,0}$，本书使用底层密钥链认证参数包，如图 3-11 所示，具体流程如下：

1）基站在 $I_i$ 内广播参数分发消息（Parameter Distribution Message，PDM），记作 $PDM_i$。$PDM_i$ 中的内容如公式（3-7）所示，包含包标识 $i$、$I_{i+1}$ 时底层密钥链的确认密钥 $K_{i+1,0}$，以及高层密钥 $K_{i-1}$，需要注意的是，PDM 包的 MAC 值由当前底层时间段 $I_{i,j}$ 所对应的密钥 $K_{i,j}$ 进行认证。

$$PDM_i = i \mid K_{i+1,0} \mid MAC_{k_{i,i}} \left( i \mid K_{i+1,0} \right) \mid K_{i-1} \qquad (3-7)$$

2）传感器节点在时间间隔 $I_{i,j}$ 中收到 $PDM_i$ 后，将其暂存。

3）当时间超过 $I_{i,j}+d$ 后，基站公布 $K_{i,j}$。传感器节点通过 $K_{i,j}$ 验证 $PDM_i$ 的正确性，若正确，则保存 $K_{i+1,0}$。

为防止通信错误，基站将在 $I_i$ 的多个底层时间段中发送 PDM，保证 PDM 认证成功率。同时，在协议中虽然并未直接使用 PDM 包中的高层密钥 $K_{i-1}$，但是其将用于网络通信中断后的错误恢复，所以仍需要包含在包中。

本书通过使用当前底层密钥链分发 PDM，由于底层密钥链的时间间隔 $\triangle_1$ 很短（一般设置 $\triangle_1 = 100\text{ms}$），所以不易受 DOS 攻击的影响，基站仅需发送少量参数包即可达到高认证率（由于 CDM 与 PDM 的字节数相同，为了方便叙述与比较，本书将 CDM 和 PDM 统称为参数包）。而多级 μTESLA 协议使用高层密钥链来分发参数包，由于高层时间间隔 $\Delta_0$ 较长，易导致 DOS 攻击，需要基站发送大量的参数包以提高认证率。

（2）快速错误恢复机制。针对多级 μTESLA 协议错误恢复时间长问题，本协议的改进方法是通过高层密钥产生当前底层密钥链，即 $K_{i,n_1} = F_{01}(K_i)$，如图 3-11 所示。当网络通信错误或者中断等原因导致传感器节点未收到

$PDM_{i-1}$ 时，将使其在 $I_i$ 中无法使用密钥链 $<K_{i,0}>$ 对数据包及 $PDM_i$ 进行认证，需要进行错误恢复机制。传感器将数据包及 $PDM_i$ 暂存，等到时间段 $I_{i+1}$ 收到 $PDM_{i+1}$ 后，通过 $PDM_{i+1}$ 中的 $K_i$ 计算出 $K_{i,n1}$ 及 $<K_{i,0}>$，从而可以验证缓存数据包及 $PDM_i$ 的正确性。若存在有正确的 $PDM_i$ 时，则进一步获得正确的 $K_{i+1,0}$，从而完成错误恢复。同时为了安全性，在每一个高层时间段的开始 $d$ 个底层时间段内不允许广播 PDM。因为过早广播，将使得恶意节点能够提前计算出先前的底层密钥链，易产生安全问题。

本协议通过改变底层密钥链的产生方式，缩短了错误恢复时延，其最小错误恢复时延仅需要 $d \times \triangle_1$（一般设置 $d=2$），相对于多级 μTESLA 协议减少了 $\triangle_0 - d$。

另外，本协议提出的错误恢复机制虽然比多级 μTESLA 具有更短的时延，但是仍需要对 PDM 进行缓存，所以易受到 DOS 攻击的影响。恶意节点可发送大量伪造 PDM，使得传感器节点缓存耗尽，阻止其接受正确的 PDM。而且在本协议中，由于采用基于底层密钥链的参数包认证机制，基站只发送少量的 PDM，进一步加剧了该问题。

针对这一缺点，本协议借鉴多级 μTESLA 中的方法，动态管理传感器节点的 PDM 缓存数目。令传感器节点的 PDM 缓存数量最大为 $m$，当传感器在时间段 $I_i$ 中收到第 $k$ 个 $PDM_i$ 时，若 $k \leq m$ 时，直接将 $PDM_i$ 存储在任意空的缓存中；若 $k > m$ 时，则该 $PDM_i$ 被保存的概率为 $\dfrac{m}{k}$，当保存时用新的 $PDM_i$ 随机代替一缓存器中的旧 $PDM_i$。当传感器节点错误恢复成功后，即可将大部分缓存释放。

设时间段 $I_i$ 内到达的 PDM 总数为 $a$，其中伪造的 PDM 个数为 $b$，则缓存中保存有正确 PDM 的概率为 $p$，$p = 1 - \left(\dfrac{b}{a}\right)^m$。由此可见，$m$ 值越大，错误恢复成功的概率 $P$ 越大，而且呈指数增长，所以只需使用少量的缓存，便可达到高成功率。

### 3.3.3 协议分析及对比

（1）性能分析。设基站生成 $n$ 级 μTESLA 密钥链。每级密钥链均有 $m$ 个密钥，对其性能进行分析如下：

1）计算开销。基站最多需要计算 $(m^n-1) + \sum_{i=1}^{n-1} m^i = \sum_{i=1}^{n} m^i - 1$ 次 F 运算产生整个密钥链，其计算开销与多级 μTESLA 协议相同，且不需要提前计算全部，可按需产生。由于基站的计算能力较强及 F 运算的高效性，所以计算开销可以接受。传感器节点只需对收到的参数包进行哈希运算验证，计算开销小。

2）存储开销。基站仅需存储当前使用的密钥链，共需存储 $n \times m$ 个密钥，其存储量与多级 μTESLA 协议相同。传感器节点只需要存储密钥链各层当前的合法密钥，以及下一底层密钥链的确认密钥，共计 $n+1$ 个。另外，当传感器节点进行错误恢复时，需要动态增加参数包缓存，这将占用传感器节点的部分存储空间，但是当错误恢复成功后，即可释放大部分空间，因此能够接受。

3）通信开销。由于本协议采用底层密钥链分发参数包，不易受到 DOS 攻击，所以仅需发送少量的参数包即可达到高认证成功率，其通信开销低于多级 μTESLA 协议。另外，当传感器节点进行错误恢复时，仅通过动态增加参数包缓存的方式来提高错误恢复成功率，所以并不会增加额外的通信开销。

（2）安全性分析。在数据包认证方面，本协议与多级 μTESLA 协议具有相同的数据包认证方式，所以其数据包认证的安全性也与其相同。在参数包认证方面，本协议通过底层密钥链对参数包进行认证，相对多级 μTESLA 协议能够更好地抵抗 DOS 攻击。同时，使用高层密钥产生当前底层密钥链，错误恢复时延短。虽然这种方式相对于多级 μTESLA 协议提前了一个高层密钥，但是由于底层密钥链的初始密钥将在下一高层时间段的 $d$ 时刻公开，所以本协议的密钥公布时间与多级 μTESLA 协议相同，对协议的安全性并无影响。

### 3.3.4　仿真与性能比较

采用 TinyOS 模拟器 TOSSIM 对多级 μTESLA 协议、Tree-based μTESLA 协议以及本书所提出的新的多级 μTESLA 协议进行仿真（为了叙述方便，以下分别简称为 Multi 协议、Tree-based 协议、New Multi 协议），并对三者的性能进行比较，比较侧重于参数包、数据包的认证成功率及丢包后的平均错误恢复时延。

令 New Multi 协议采用两级密钥链，其中 $\Delta_1 = 100ms$，$n_1 = 600$，$\Delta_0 =$ $1min$，$n_0 = 200$，整个密钥链可以持续 200 分钟。PDM 包中包含级别标识（1 字节）、包标识（4 字节）、底层密钥链确认密钥（8 字节）、MAC 值（8 字节）及高层密钥链公布密钥（8 字节），共计 29 字节。由于证书体积大，需分成 4 个相关联的参数包。为研究在 DOS 攻击及通信错误情况下协议的性能，设定数据包发送率为 100 包/分钟，攻击者每分钟发送 200 个伪造参数包，信道丢包率为 0.2。

图 3-12 为参数包认证成功率的比较。其中，图 3-12（a）为参数包发包率增加条件下认证成功率的比较，从图中可以看出 New Multi 协议的参数包认证成功率高于 Tree-based 协议及 Multi 协议。主要原因是 New Multi 协议的参数包使用底层密钥链进行认证的，其认证时延短，不易受 DOS 攻击的影响。Tree-based 协议采用 Merkle 树机制分发参数包，分包数目多，通信开销大，所以当发包数目较少时，认证成功率较低。Multi 协议则因为其参数包由高层密钥链认证，缓存时间长，易受 DOS 攻击的影响，所以认证成功率最低。同时，可以看出 Multi 协议的认证成功率受节点参数包缓存数目的影响较大，而 New Multi 协议及 Tree-based 协议不受其影响。图 3-12（b）为信道丢包率变化条件下参数包认证成功率的比较，令基站每分钟发送 20 个参数包。从图中可以看出，New Multi 协议及 Multi 协议不易受信道丢包率的影响，因为其仅需收到一个参数包即可完成认证，而 Tree-based 协议需要收到所有关联参数包才能完成认证，其中任何一个包的丢失都将导致无法完成认证，因此受信道丢包率的影响较大。

图 3-13 为参数包通信开销的比较，令三个协议的参数包认证成功率均为 95%。从图中可以看出，随着密钥链的增加，Tree-based 协议的参数包数目增加明显，而 New Multi 协议及 Multi 协议则增加较少。其主要原因是 Tree-based 协议采用 Merkle 树分发认证参数包，通信量受密钥链数目的影响大，New Multi 协议及 Multi 协议采用 MAC 值分发认证参数包，影响较小。

图 3-14 为数据包认证成功率的比较。从图中可以看出，New Multi 协议的认证成功率高于 Tree-based 协议及 Multi 协议，主要原因是 New Multi 协议的参数包认证成功率高，所以导致数据包认证成功率也相对最高。虽然在 Multi 协议中各底层密钥链与高层密钥链相关联，传感器节点可在错误恢复后对缓存数据包进行认证，但是由于节点存储数据包的空间非常有限，

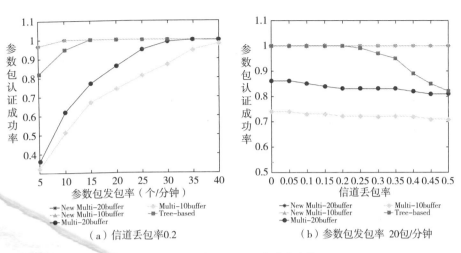

（a）信道丢包率0.2　　　　　　　　　　（b）参数包发包率 20包/分钟

图 3-12　参数包认证成功率比较

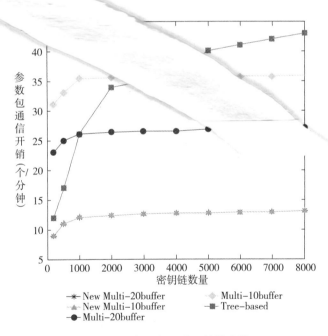

图 3-13　参数包通信开销的比较

导致大部分缓存数据包已被丢弃，认证成功率无明显提升。

　　图 3-15 为参数包丢失后的平均错误恢复时延比较。其中，图 3-15（a）为参数包发包率增加条件下恢复时延的比较。从图中可以看出，New

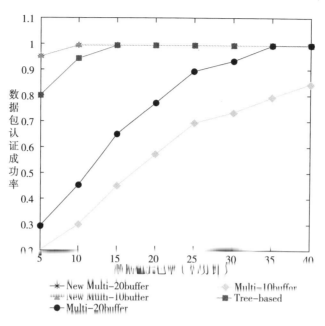

**图 3-14 数据包认证成功率比较**

Multi 协议的恢复时延低于 Multi 协议。当参数包缓存数目最大为 10 时，New Multi 协议的恢复时延大于 Tree-based 协议，但是当缓存数目增加到 20 时，New Multi 协议的恢复时延将小于 Tree-based 协议。其主要原因是 New Multi 协议改进了 Multi 协议的错误恢复机制，且错误恢复成功率随缓存数目呈指数增长，所以只需增加少量的缓存即可达到高成功率。图 3-15（b）为信道丢包率增加条件下恢复时延的比较，令参数包发包率 20 包/分钟。从图中可以看出，New Multi 协议与 Multi 协议的平均恢复时延不受丢包率的影响，而 Tree-based 协议恢复时延与信道丢包率成正比。其主要原因是 Tree-based 协议的参数包认证成功率随丢包率的增加而降低，从而导致恢复时延的增长。

从上述仿真结果可以看出，在相同 DOS 攻击条件下，New Multi 协议在参数包/数据包认证成功率及通信开销方面均优于 Tree-based 协议及 Multi 协议，同时在增加少量参数包缓存的情况下，其平均错误恢复时延也优于其他两个协议。虽然相对于 Tree-based 协议，New Multi 协议需要额外设置节点缓存以实现错误恢复，但是其恢复后即可将大部分缓存释放，所以对系统的影响较小，并且不易受信道丢包率的影响。

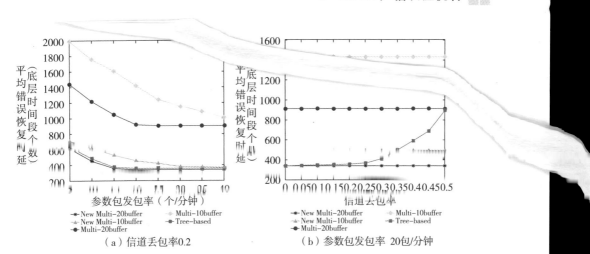

图 3-15　平均错误恢复时延比较

# 3.4　本章小结

　　本章针对飞行器并发接入无线传感器的特殊应用场景，提出一种基于消息驱动的 μTESLA 的广播认证协议。该协议将密钥链与时间通过模运算相关联，避免了周期性广播参数包，适合 LDTN 网络移动式基站应用场景。同时，针对 DOS 攻击及网络连通性问题，采用多层密钥链及基于 Merkle 树的参数包分发机制进一步增强了协议的安全性。

　　另外，针对多级 μTESLA 广播认证协议易受 DOS 攻击及错误恢复时延长的缺点，本章提出一种新的多级 μTESLA 广播认证协议，协议分别通过使用底层密钥链认证参数包及使用高层密钥产生同一时间段的底层密钥链方法解决上述缺点。

# 4　LDTN 密钥管理与安全切换

本章对 LDTN 网络的密钥管理以及安全切换进行深入研究。在密钥管理方面，针对 LDTN 的特点，提出一种基于中国剩余定理的组密钥管理方案以及一种基于分级身份的认证密钥协商协议。在安全切换方面，针对高速飞行器接入临近空间浮空器基站的应用场景，提出基于上下文传递的 LDTN 安全切换机制，保证切换过程中通信的安全性与可靠性。

## 4.1　LDTN 密钥管理与安全切换研究现状

### 4.1.1　LDTN 密钥管理机制研究现状

密钥是信息安全机制的基础与核心，如果攻击者获取了密钥，则一切密码算法都将失效，因此密钥管理机制的正确实施非常重要。密钥管理涉及密钥产生、分发、使用、更新、存储以及销毁等整个生命过程的管理，本书重点对 LDTN 网络的组密钥管理以及认证密钥协商协议进行研究，下面对其研究现状进行介绍。

（1）LDTN 组密钥管理机制研究现状。组通信是一种单点对多点的有效信息发送方式，而组密钥管理作为 LDTN 组通信中的一项基本安全措施已经在有线及无线网络中进行了深入研究。

目前，组密钥管理技术可以分为三大类：集中式、分散式及分布式。集中式是目前研究最广泛的一种组密钥管理方案。其使用一个组服务器产生与分发组密钥，如 Secury Lock、LKH 等方案，研究重点在于如何减少服务器的开销；分散式方案采用多个组服务器的形式进行组密钥管理，以减少大规模网络的密钥管理开销，代表方案有 Iolus 等，但是由于缺乏一个统一的组密钥，组消息需要多次加解密转换，容易成为系统瓶颈；分布式密钥更新方案则采用无组服务器的方法，通过组成员间共享的方式产生并管理组密钥，但是其需要节点间进行多轮协商，通信次数及计算开销大。

现有方案一般假设节点之间存在着一条稳定的且连通的信道，很少考虑到网络间歇性连通及通信时延大等情况，所以并不适合在 LDTN 中直接应用。在 LDTN 中实现组密钥管理方案应当考虑以下几个问题：

1）通信开销。由于 LDTN 中网络的间歇性连通性，导致 LDTN 的中间节点需要对消息进行存储转发，当组密钥更新消息过多时，将相应地消耗中间节点有限的存储资源。所以在 LDTN 中应用组密钥管理方案，通信开销显得尤为关键，所以其密钥管理更新消息的数目及大小应尽可能地小。

2）无状态性（Stateless）。由于 LDTN 的通信时延长及通信误码率、丢包率高、易受干扰等原因，使得消息易丢失、错误及乱序到达。现有的 LKH 等协议为状态性方案（stateful），当用户未能接收某一组密钥时，将导致后序组密钥均无法接收，用户需要服务器重新传输任何丢失的密钥，显然不适合 LDTN 环境。所以，在 LDTN 中应使用无状态性（Stateless）的组密钥管理方案，即不需要组用户拥有任何先前组密钥，可从密钥更新消息中获得当前组密钥。

3）密钥时效性。在多对多应用场景（Many-to-Many）中，组用户间可以相互发送组消息，但是由于 LDTN 间歇性连通及长时延的特性，使得用户可能无法及时收到密钥更新消息，从而使得退出的用户仍有可能获取或发送组消息，导致前向安全性被破坏，因此需要组密钥具有时效性。

Paul T. Edelman 等提出 DTN 环境中安全组通信机制。作者建议采用集中式组密钥管理机制 LKH。但是 LKH 方案属于状态性（Stateful）方案，所以并不适合在通信连接受限的 DTN 环境中使用。Zheng Xiliang 等提出了一种基于中国剩余定理的集中式组密钥管理方案——CRGK，其属于无状态方案，并且其用户端的计算及存储开销小。

本书在 CRGK 的基础上进一步减少了密钥更新时的通信量，其在新用户加入时不需要广播密钥更新消息，同时，引入有效时间段的概念，能够有效缓解 DTN 多对多通信环境中前向安全性的问题。

（2）LDTN 认证密钥协商协议研究现状。认证密钥协商（Authentication Key Agreement，AKA）协议用于保证通信双方身份的合法性并协商出会话密钥，是重要的安全通信方法。在大规模 DTN 中实施认证密钥协商机制应重点考虑网络覆盖范围广、通信大时延高中断的特性，要求底层密码机制能够适应大规模、高中断的网络环境，减少系统管理瓶颈；同时，还需尽可能减少协议的通信开销，降低其计算量，从而减小通信时延，以提高协商成功率。

目前，尚未见到面向 LDTN 的基于分级身份的认证密钥协商协议（Hierarchical Identity Based Authentication Key Agreement，HIBAKA）。在现有基于分级身份的认证密钥协商协议（Hierarchical Identity Based Authentication Key Agreement，HIBAKA）中，2010 年，日本 NTT 实验室 Fujioka 等首次提出了一种面向通用环境的 HIBAKA 协议，但是该协议的通信与计算开销较大，不适合 LDTN 环境，另外，该协议仅在随机预言模型下进行了安全性证明。

## 4.1.2　LDTN 安全切换机制研究现状

在 LDTN 网络通信中，由于节点运动的动态性，存在着切换问题。如图 4-1 所示，高速飞行器节点通过临近空间浮空器基站接入 LDTN 网络，经路由中转与后方控制中心进行通信。当节点飞行至浮空器通信覆盖区域边缘时，需要将通信链路切换到下一跳浮空器或者卫星基站。为保证切换过程中的安全性与高效性，避免重复执行接入认证所带来的大时延与高中断特性，需要高效的安全切换技术。

（1）网络层安全切换机制研究现状。目前，针对网络层中的安全切换机制大体可以分为两种：

1）预先认证机制。在预先认证机制中，节点通过当前基站中转的方法与下一切换基站预先实施认证，以减小切换时的认证时延。该方法能够提高切换效率，并且具有较高的安全性，但是该方法需要与切换基站重新执行认证流程，导致交互次数多且计算量大。

2）基于上下文的安全切换机制。上下文机制（Context Transfer，CT）通过在基站间转移上下文信息提高节点的移动性能，上下文信息可以是 QOS、安全属性等。针对网络环境下的安全切换需求，钱雁斌等提出一种基于上下文传递的临近空间安全切换机制。该机制基于切换概率权值矩阵推算出可能切换的基站集合，通过预先传递安全信息给下一跳切换基站，避

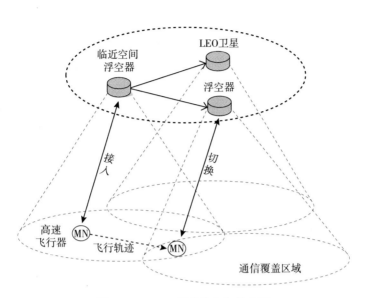

**图 4-1 LDTN 网络接入切换场景**

免了重复执行接入认证流程。但是该机制仅提出了一种实施框架，缺乏对认证过程的具体描述，同时也未给出获取切换概率的实现方法。

在现有基于上下文的安全切换机制中，2003 年，H. Wang 等针对异构网络中的垂直切换，首次提出了基于安全上下文的切换机制。R. Koodli 等在快速切换中引入上下文机制，Juan M. Oyoqui 对上下文机制的可靠性进行了探讨。IETF 在上述研究的基础上发布了实验性质的上下文传输协议（Context Transfer Protocol，CXTP）。CXTP 属于一种通用的上下文传输协议，能够传输不同的上下文信息。在 CXTP 中包含预先传输与反应传递两种模式，通过两种模式的配合使用，实现节点的无缝切换。Allard 等通过 AVISP 安全工具对上下文传输机制的安全性进行了分析。Gundavelli 和 Ranasinghe 等探讨了CXTP 在 MIPv6 及 802.11 无线网络环境下的具体应用。2010 年，Xue 等针对车载 Ad Hoc 网络通过安全上下文及单向 Hash 链机制实现了匿名安全切换SCPT 协议，但是该协议需要多次非对称签名与加解密运算，计算开销较大。

由于 CXTP 机制通过基站间预先传递相关认证信息，减少了重复接入认证所带来的通信与计算开销，能够保证高速节点切换的安全性与高效性，所以本书将在 CXTP 的基础上，设计实现网络安全切换机制，提供安全切换性能，实现无缝安全切换。

（2）切换对象选择算法研究。为实现基于上下文的安全切换机制，还需要将包含有节点认证信息的上下文消息预先传递给下一跳切换基站，以提高切换认证效率，这对于网络中的高速运动节点或者运行实时业务的节点而言十分必要。许多安全切换方案如预先认证方案均采用类似方法。但是，由于 LDTN 网络中一般存在多个切换基站，因此需要通过切换对象选择算法确定节点的下一跳切换基站对象。

在现有卫星网络的切换对象选择算法中，针对同一覆盖区域内的卫星切换选择需求，Papapetrou 等给出了三种切换卫星选择标准：①最大服务时间：选择能够提供最大通信服务时间的卫星，从而最小化切换次数，实现低强制中断概率；②最大可用信道数：选择可用信道数最多的卫星，从而实现卫星呼叫的平均分布；③最小距离：选择通信距离最小的卫星，避免通信链路失败。由于上述标准可用于选取接入卫星及切换卫星，总共有九种可能的组合。Boedhihartono 等给出了另一种不同的卫星选择标准：①可视时间 ($VT$)，选择具有最长剩余可视时间的卫星；②能力 ($C$)，选取可视范围内负载最小的卫星；③可视时间与能力 ($VT/CA$)，选取剩余可视时间最长且负载最小的卫星；④通信仰角 ($EA$)，选取具有最大通信仰角的卫星；⑤可视时间与最早信道释放 ($VT/ECR$)，选取具有最长可视时间与最早信道释放的卫星。但是上述机制主要面向通信切换需求与 QOS 保证，并且假设接入节点均为地面静止节点。

针对不同覆盖区域的卫星切换选择，Papapetrou 等提出了基于多普勒频移的卫星切换机制（DDBHP）。在该机制中卫星节点能够利用多普勒频移机制计算出地面终端发生切换的时间与位置，可以提前确定下一跳切换卫星，并仅在切换阈值到达时，通知下一跳切换卫星保留通信信道，因此提高了基站可用信道的使用率，降低了呼叫阻塞概率。陈炳才等在 DDBHP 机制的基础上提出了一种面向飞行器的 LEO 卫星切换选择算法。但是 DDBHP 机制仅能应用在卫星基站上，当基站为临近空间浮空器时，由于浮空器对地相对静止，无法应用 DDBHP 切换机制。

# 4.2　LDTN 组密钥管理机制

本书针对 DTN 网络的特殊性，提出了一种基于中国剩余定理的 DTN 组密钥管理机制，其在新节点加入时不需要广播任何消息，在节点退出时，仅需要发送一条消息，所以通信开销小，且组成员的计算开销小。同时，方案具有状态无关性（Stateless），不受丢包的影响。另外，针对多对多的应用场景，加入了有效时间段的概念，能够有效地减少前向安全性问题，所以适合在 LDTN 网络中应用。

## 4.2.1 基于中国剩余定理的 LDTN 组密钥管理方案

本书针对 LDTN 的特点，提出了基于中国剩余定理的 LDTN 组密钥管理方案（Chinese Remainder Theorem Based Larger DTN Group Key Management，CRDGK）。同时，由于 LDTN 网络的特殊性，本书将针对一对多及多对多两种应用场景，分别进行讨论。在一对多的场景中，只有组密钥服务器能够发送消息，组内节点仅需要接收消息，而不用发送消息；在多对多的应用场景中，组用户间可以进行组通信，此时由于 LDTN 通信的长时延性及网络中断性，存在着前向安全性易被破坏的问题。在本节，我们首先考虑一对多的应用场景，之后我们将其拓展到多对多的应用场景。

（1）初始化过程。令组初始阶段共有 $m$ 个组成员，分别记作 $u_1$，…，$u_m$。服务器与用户 $u_i(1 \leqslant i \leqslant m)$ 首先进行身份认证，认证通过后，服务器发送给 $u_i$ 一个私有的对称密钥 $k_i$，$k_i$ 需要严格保密，仅服务器与 $u_i$ 知道。同时，选取一个正整数 $n_i$ 作为 CRT 参数发送给 $u_i$，其中 $\gcd(n_i,n_j)=1(1 \leqslant i$，$j \leqslant m, i \neq j)$。当服务器发送给所有用户相关参数后，服务器随机产生一个组密钥 $GK_{ini}$，并建立如式（4-1）所示的同余方程组。

$$X \equiv L_1(\mathrm{mod}n_1)$$
$$\cdots$$
$$X \equiv L_m(\mathrm{mod}n_m) \tag{4-1}$$

其中，$L_i = k_i(GK_{ini} \oplus ID)$，$k_i()$ 表示使用 $k_i$ 作为密钥对 $GK_{ini} \oplus ID$ 进行加密，ID 代表当前组密钥序号。根据中国剩余定理可以证明，该同余方程组有且仅有唯一的解 $X$。$X$ 的求解方法如式（4-2）所示：

$$X \equiv \sum_{i=1}^{m} L_i M_i M'_i(\mathrm{mod}M) \tag{4-2}$$

其中，$M = n_1,\cdots,n_m, M_i = M/n_i, M'_i$ 是整数，且 $M_i M' \equiv 1(\mathrm{mod}\ n_i)$。服务器计算出 $X$ 后，广播发送 $X$ 及密钥序号 ID 给所有的组用户。用户

$u_i (1 \leqslant i \leqslant m)$ 收到后，利用相对应的 $n_i$ 进行模运算，计算出 $L_i$，再通过 $k_i$ 及 ID，获得 $GK_{ini}$。

在方案中增加组密钥序号 ID 的原因，是因为在 LDTN 中，由于用户节点的移动性、间歇性通信连接及长时延，组密钥有可能是乱序到达，为了能够让用户使用正确的密钥解密消息，所以需要附加密钥序号。另外，服务器在发送消息时也需要附带相应的密钥序号。

另外，为了能够让组用户知道消息使用的是什么组密钥进行加密，组密钥序号 ID 采用二元组 $<i, j>$ 表示，其中 $i$ 表示为该组密钥为第 $i$ 个随机产生的组密钥。$j$ 表示该密钥进行了 $j$ 次 H 运算。令 $GK_{ini}$ 的 ID $=<0,0>$，则对应的 $GK'$ 的 ID $=<0,1>$。

（2）新用户加入过程。初始化过程结束后，当有新的节点 $u_{new}$ 需要加入时，服务器首先对其进行认证，若允许其加入，则发送给 $u_{new}$ 对称密钥 $k_{new}$ 及 $n_{new}$，其中 $k_{new}$ 只有服务器及 $u_{new}$ 知道，$n_{new}$ 与 $n_1, \cdots, n_m$ 两两互素。同时，为了保证组通信的后向安全性（Backward Secrecy），即新加入的用户无法获得之前的组信息，应该更换组密钥。假设当前组密钥为 $GK_{ini}$，则新的组密钥通过一公开的哈希函数 H，对当前组密钥进行哈希运算获得，即 $GK' = H(GK_{ini})$。组服务器将 $GK'$ 发送给新加入节点 $u_{new}$。组内其他节点由于拥有 $GK_{ini}$，所以能够通过使用 H 函数，自行计算出 $GK'$，因此不需要服务器广播密钥更新消息。由于哈希函数的单向性，新加入的节点无法通过 $GK'$ 获得 $GK_{ini}$，从而保证了后向安全性。

CRDGK 在用户加入时通过哈希函数 H 产生新的组密钥，服务器不需要广播密钥更新消息给所有用户，而仅需要单播发送新组密钥给新加入节点，从而减少了通信开销，能够防止现有组用户由于 LDTN 连接中断、网络分割等原因，导致更新密钥失败。同时，中间转发节点不需要存储转发密钥更新消息，减轻了网络通信负担，并且本方案中新用户可以立即加入，无须等待。

（3）用户退出过程。当有用户 $u_{leave}$ 退出时，为了保证组密钥的前向安全性（Forward Secrecy），使得 $u_{leave}$ 无法继续获取组消息，需要更新组密钥。此时，由于 $u_{leave}$ 拥有旧的组密钥，所以不能像用户加入时那样通过对旧的组密钥进行哈希运算获得新的组密钥，而需要服务器将退出用户的 CRT 参数 $n_{leave}$ 删除出同余方程组，并随机产生一个新的组密钥 $GK_{i+1, 0}$。同时，若在此之前有新的用户加入时，则将新加入用户的 CRT 参数 $n_{new}$ 加入到同余方程组中。服务器使用公式（4-2）计算出新同余方程组的解 $X$，广播 $X$ 及对应的组密钥序号给所有组用户。用户收到后，仅需要进行一次模运算、对称解密运算及异或运算，以获得新的组密钥。例如，如图 4-2 所示，设组初始状态时有 3 个用户 $u_1$、$u_2$、$u_3$，其中 $u_3$ 需要退出，同时，$u_4$ 及 $u_5$ 在此之前加入了组，但是其 CRT 参数尚未加入到同余方程组中，所以，在新的同余方程组中，将 $n_3$ 删除，同时增加 $n_4$ 及 $n_5$。服务器随机产生新的组密钥，并计算 $X$，发送给所有用户。相应地，若旧的组密钥 ID = <0,1>，则新的组密钥 ID = <1,0>。

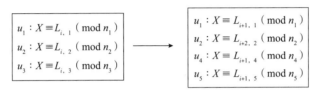

$$u_1 : X \equiv L_{i,1} \ (\mathrm{mod} \ n_1)$$
$$u_2 : X \equiv L_{i,2} \ (\mathrm{mod} \ n_2)$$
$$u_3 : X \equiv L_{i,3} \ (\mathrm{mod} \ n_3)$$

$$u_1 : X \equiv L_{i+1,1} \ (\mathrm{mod} \ n_1)$$
$$u_2 : X \equiv L_{i+2,2} \ (\mathrm{mod} \ n_2)$$
$$u_4 : X \equiv L_{i+1,4} \ (\mathrm{mod} \ n_4)$$
$$u_5 : X \equiv L_{i+1,5} \ (\mathrm{mod} \ n_5)$$

**图 4-2  $u_3$ 退出，$u_4$、$u_5$ 加入时同余方程式的变化**

（4）批处理操作。CRDGK 可以根据需要采用批处理操作，以进一步减少大量用户退出时所带来的通信开销。在 CRDGK 中，由于新节点加入时不需要发送密钥更新消息，所以不需要批处理操作，新用户能够快速获取组信息。但是，当有组用户退出时，需要广播一条密钥更新消息，所以当有大量用户退出时，其密钥更新消息也会线性增加，这无疑会消耗 DTN 中有限的通信资源及密钥的可用性。

针对这一问题，可以采用用户退出批处理方案，服务器将时间划成相应的小时间段，在一时间段内退出的节点，统一处理。所以在同一时间间隔内的多个节点退出仅需要发送一次密钥更新消息即可，节省了通信量。另外，还可以根据退出节点的紧急程度，动态调整批处理的时间。例如，当某用户受到入侵，为避免泄露更多组消息，需要将其立即退出组时，则可直接发送密钥更新消息，无须等到批处理时间。若是一般性的用户退出请求时，则适当推迟批处理操作，以减少通信量。

## 4.2.2  基于时间的 CRDGK

在多对多（Many-to-Many）的应用情况下，组内用户能够使用组密钥发送消息给其他用户。由于 LDTN 中网络易分割及通信时延长等特点，使得组密钥管理存在着前向安全性易被破坏的缺点，即用户在退出后，仍有可能解密组内消息。如图4-3所示，$T_1$ 时刻用户 $u_2$ 退出组，服务器 S 发送组密钥更新消息，但是由于 DTN 的通信延迟性，导致 $u_1$ 在 $T_3$ 时刻才能够更新组密钥为 $GK'$，这时，在 $T_2$ 时刻（$T_1 < T_2 < T_3$）$u_1$ 仍将使用旧的组密钥 $GK$ 加送消息 $M$，能够被 $u_2$ 获得，从而破坏组密钥的前向安全性。

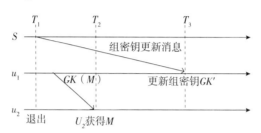

图 4-3　DTN 环境中的前向安全性问题

　　针对这一问题，本书采用基于时间的组密钥管理方案解决。在 CRDGK 中增加组密钥的有效时间段，当密钥的有效时间段到达后，节点需要获取新的组密钥。否则，将停止接收其他节点发送来的消息（服务器除外），并停止发送新的组消息，从而防止已退出的节点继续发送或接收组消息。

　　服务器将时间划分成长度为 $\Delta$ 的时间段，每个时间段对应一个序号 Interval。当需要发送组密钥更新消息时，服务器在计算 $L_i$ 时需要增加当前时间所处的时间段，即 $L_i = k_i(GK_{i,0} \oplus I_{i,0} \oplus \text{Interval})$，并通过公式（4-2）生成相应的 $X$，除了在有节点退出时需要广播密钥更新消息外，服务器还需要在每个时间间隔即将结束时，也广播下一时间间隔的组密钥更新消息（Group Key Update Message，GKUM）给所有节点，消息如式4-3所示，包含 $X$，密钥序号 ID 以及对应的时间间隔序号 Interval。

$$GKUM = X, ID, Interval \tag{4-3}$$

　　组用户收到后，通过 ID 及当前时间间隔序号，可以确定组密钥的时效性。

　　另外，针对 LDTN 的网络间歇性，组内用户保存最新的 GKUM，当组内用户未收到最新的 GKUM 时，可以直接查询附近的用户，而不需要去服务器处查询，减少了通信时延。

### 4.2.3　协议分析

（1）性能分析。新用户加入时，服务器仅需单播发送组密钥对新用户，不需要广播任何消息，其他用户仅需要计算一次哈希运算获得组密钥。当有节点退出时，服务器端需要计算 $O(n)$ 次异或对称加密运算及中国剩余定理运算，同时广播发送一条密钥更新消息。用户端则仅需要计算一次模运算、对称解密及异或运算。同时，用户端需要存储三个参数，包括共享对称密钥、当前组密钥及 CRT 参数。当使用基于时间的 CRDGK 时，组用户还需要存储一个最新的组密钥更新消息 GKUM。通过上述分析可以看出，CRDGK 的通信开销小，并且用户的计算及存储开销也小，所以适合在网络连通性差及节点资源受限的 DTN 环境中使用。

（2）安全性分析。前向安全性：在一对多的应用场景中，由于退出用户的 CRT 参数不在新的同余方程组中，所以退出的用户即使获得 $X$，也无法计算出新的组密钥。在多对多的应用场景中，由于网络的大时延，可能导致退出的用户仍然能够解密其他合法用户所发送的组信息。但是本书通过组密钥有效时间段，在一定程度上减少了其发生的可能性。

后向安全性：相对前向安全性，后向安全性更容易实现。新用户所获得新组密钥是由旧组密钥通过哈希计算出来的。由于哈希函数的单向性，所以能够保证新用户无法获得之前的旧组密钥。

共谋攻击：共谋攻击是指多个退出的组用户能够通过合谋，获取新的组密钥。由于新的同余方程组中，不包含任何已退出组用户的 CRT 参数，所以退出用户无法获取新的组密钥。因此不存在共谋攻击的可能性。

### 4.2.4　仿真实验与比较

本书采用 OPNET 仿真工具对 CRDGK、CRGK 及 LHK 进行仿真，并进行性能比较。仿真环境为 5km² 的区域内设置 40 个节点及一个组服务器，节点运动模型为 Random Way-Point（RWP），节点存储空间为 400 条消息，仿真时间为 30min，节点可动态加入及离开组。仿真实验主要比较以下三个方面：①组密钥更新成功率，组密钥更新成功的次数与总更新次数之比；②组密钥更新时延，从组用户变化到组密钥更新成功所需的平均时间；③消息接收成功率，组用户成功使用解密消息的数目与消息总数的比较。

图4-4为组密钥更新成功率的比较。从图中可以看出，随着组内用户的增加，三种方案的密钥更新成功率均有所提高，但是由于本方案在节点加入时不需要广播消息，同时属于无状态方案，所以成功率最高。而LKH为状态性方案，当有密钥更新消息丢失时，将导致后续密钥均无法接收，所以其密钥更新成功率最低。

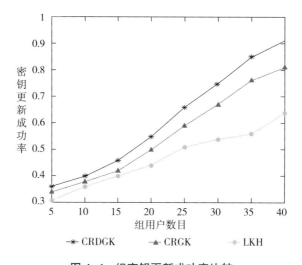

**图4-4 组密钥更新成功率比较**

图4-5为密钥更新时延的比较。从图中可以看出，CRDGK方案的更新时延最低，主要原因是新节点加入时不需要发送消息，同时其在节点退出时只需发送一条密钥更新消息，所以其平均更新时延最小。

图4-6为消息接收成功率的比较。从图中可以看出，由于CRDGK的组密钥更新成功率及更新时延性能好，所以导致其消息接收成功率也最高。

通过上述仿真实验表明，CRDGK适合在网络间歇性连接、通信长时延的LDTN场景中使用。

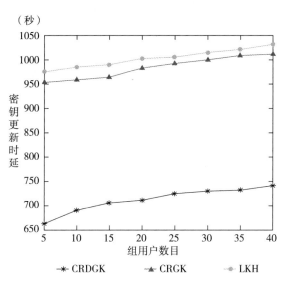

图 4-5　密钥更新时延的比较

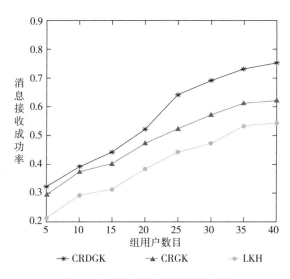

图 4-6　消息接收成功率的比较

# 4.3 基于分级身份的认证密钥协商协议

本节设计了一种适用于大规模延迟容忍网络环境下的认证密钥协商协议（HIBAKA），依赖基于分级身份的密码机制，通过密钥分级派生，减少系统管理瓶颈，同时消除对证书的依赖，减少协商时延。与现有通用环境下基于分级身份的同类协议相比，该协议的通信开销及双线性对计算开销较小，且均为常量，不受节点层次数影响，可扩展性更强，并且具有密钥派生控制功能。最后，在标准模型下证明了协议的安全性。

## 4.3.1 基于分级身份的认证密钥协商协议设计

具体的 HIBAKA 协议包括系统建立、私钥生成、密钥更新协商三个步骤。其中，系统建立与私钥生成与 2.2.2 节的 HIBS 算法类似。令群 $G$，$G_T$ 的阶为 $p$，$p$ 为一个大素数，HIBAKA 协议支持的最大层次为 $h$。

（1）系统建立。根 PKG 选择 $\alpha \in_R \mathbb{Z}_p$，$P \in_R G$，设置 $P_1 = \alpha P$，随机选择 $P_2 \in G$；向量 $\overrightarrow{P_u} = (P_{u,1}, \cdots, P_{u,h}) \in G$；$\overrightarrow{P_{u'}} = (P_{u',1}, \cdots, P_{u',h}) \in G$。主密钥为 $\alpha P_2$，只有根 PKG 知道。公共参数 $<P, P_1, P_2, \overrightarrow{P_u}, \overrightarrow{P_{u'}}>$，由 PKG 通过安全的方式分发给用户。

（2）私钥生成。给定一个用户的身份 $ID = (ID_1, ID_2, \cdots, ID_k)$。令 $V_i = P_{u,i} + ID_i P_{u',i}$，根 PKG 随机选取 $r \in \mathbb{Z}_p$，生成私钥 $d = (d_0, d_1, \partial_{k+1}, \cdots, \partial_h, B_{k+1}, \cdots, B_h) = (\alpha P_2 + r(\sum_{i=1}^{k} V_i), rP, rP_{u,k+1}, \cdots, rP_{u,h}, rP_{u',k+1}, \cdots, rP_{u',h})$。根 PKG 将私钥 $d$ 发送给用户。

用户私钥还可以通过其父亲节点产生。令用户 ID 的父亲节点身份标识为 $(ID_1, ID_2, \cdots, ID_{k-1})$，对应的私钥 $d' = (d'_0, d'_1, \partial'_k, \cdots, \partial'_h, B'_k, \cdots, B'_h)$。选取一个随机数 $t \in \mathbb{Z}_P$，用户 ID 的私钥生成如下：

$$d_0 = d'_0 + \partial'_k + ID_k B'_k + t \sum_{i=1}^{k} V_i,$$

$$d_1 = d'_1 + tP,$$

$$\partial_i = \partial'_i + tP_{u,i}, B_i = B'_i + tP_{u',i},$$

其中，$k+1 \leqslant i \leqslant h$。

（3）认证密钥协商协议。假设协议的发起者为节点 MN，身份标识为 $ID_{MN} = (ID_{MN,1}, ID_{MN,2}, \cdots, ID_{MN,m})$，对应的私钥为 $d_{MN} = (d_{MN,0}, d_{MN,1}, \partial_{MN,m+1}, \cdots, \partial_{MN,h}, B_{MN,m+1}, \cdots, B_{MN,h})$。基站 BS 的身份标识 $ID_{BS} = (ID_{BS,1}, ID_{BS,2}, \cdots, ID_{BS,b})$，私钥 $d_{BS} = (d_{BS,0}, d_{BS,1}, \partial_{BS,b+1}, \cdots, \partial_{BS,h}, B_{BS,b+1}, \cdots, B_{BS,h})$。

HIBAKA 的交互过程如图 4-7 所示，描述如下：

1）MN 随机选取 $x \in \mathbb{Z}_p$，计算 $T_{MN} = (T_{MN,1}, T_{MN,2}) = (xP, x\sum_{j=1}^{b} V_{BS,j})$，发送给 BS。

2）BS 收到 $T_{MN}$ 后，随机选取 $y \in \mathbb{Z}_p$，计算 $T_{BS} = (T_{BS,1}, T_{BS,2}) = (yP, y\sum_{j=1}^{m} V_{MN,j})$ 并发送给 MN。

3）MN 计算共享密钥 $K_{MN,BS} = e(d_{MN,0}, T_{BS,1})e(d_{MN,1}^{-1}, T_{BS,2})e(P_1, P_2)^x = e(P_1, P_2)^{x+y}$，会话密钥 $SK_{MN,BS} = H(ID_{MN}, ID_{BS}, T_{MN}, T_{BS}, K_{MN,BS})$。

4）对应地，BS 计算共享密钥 $K_{BS,MN} = e(d_{BS,0}, T_{MN,1})e(d_{BS,1}^{-1}, T_{MN,2})e(P_1, P_2)^y = e(P_1, P_2)^{x+y}$，会话密钥 $SK_{BS,MN} = H(ID_{MN}, ID_{BS}, T_{MN}, T_{BS}, K_{BS,MN})$。

| MN | | BS |
|---|---|---|
| $x \in_R \mathbb{Z}_p$ | | $y \in_R \mathbb{Z}_p$ |
| $T_{MN} = (T_{MN,1}, T_{MN,2}) = (xP, x\sum_{j=1}^{b}V_{BS,j})$ | $\xrightarrow{\quad T_{MN} \quad}$ | $T_{BS} = (T_{BS,1}, T_{BS,2}) = (yP, y\sum_{j=1}^{m}V_{MN,j})$ |
| | $\xleftarrow{\quad T_{BS} \quad}$ | |
| $K_{MN,BS} = e(d_{MN,0}, T_{BS,1})e(d_{MN,1}^{-1}, T_{BS,2})e(P_1, P_2)^x$ | | $K_{BS,MN} = e(d_{BS,0}, T_{MN,1})e(d_{BS,1}^{-1}, T_{MN,2})e(P_1, P_2)^y$ |
| $= e(P_1, P_2)^{x+y}$ | | $= e(P_1, P_2)^{x+y}$ |
| $SK_{BS,MN} = H(ID_{MN}, ID_{BS}, T_{MN}, T_{BS}, K_{MN,BS})$ | | $SK_{BS,MN} = H(ID_{MN}, ID_{BS}, T_{MN}, T_{BS}, K_{BS,MN})$ |

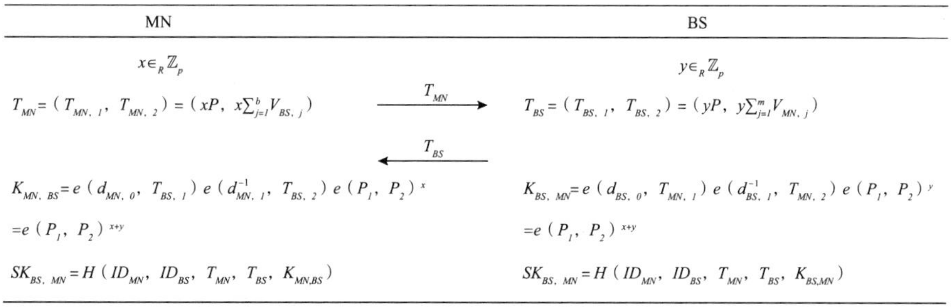

**图 4-7 HIBAKA 流程**

（4）协议正确性。根据双线性对性质，可以计算出以下等式：

$$K_{MN,BS} = e(d_{MN,0}, T_{BS,1})e(d_{MN,1}^{-1}, T_{BS,2})e(P_1, P_2)^x$$

$$= e(\alpha P_2 + r_{MN}(\sum_{j=1}^{m} V_{MN,j}), yP)e((r_{MN}P)^{-1}, y(\sum_{j=1}^{m} V_{MN,j}))e(P_1, P_2)^x$$

$$= e(P_1, P_2)^y e(\sum_{j=1}^{m} V_{MN,j}, P)^{r_{MN}y} e(\sum_{j=1}^{m} V_{MN,j}, P)^{-r_{MN}y} e(P_1, P_2)^x$$

$$= e(P_1, P_2)^{x+y}$$

同理，可以证明 $K_{BS,MN} = e(P_1, P_2)^{x+y}$，相应地，$SK_{MN,BS} = SK_{BS,MN}$。因此，

MN 与 BS 能够协商出会话密钥，并且保证对方身份的真实性。

## 4.3.2 协议安全性证明

本书使用 ID-BJM 安全模型来证明协议的安全性。

（1）安全协议模型的定义。在模型中，会话中的参与方视为一个随机预言机（oracle）。一个攻击者能够通过设定的询问函数访问随机预言机。一个随机预言机 $\prod_{i,j}^{s}$ 表示参与方 $i$ 与对等方 $j$ 的第 $s$ 次会话。

**定义 4-1** 匹配预言机：若 2 个预言机 $\prod_{i,j}^{s}$ 和 $\prod_{j,i}^{s'}$ 在接受（accepted）状态时有相同的会话 ID，则称两者相匹配，互为匹配预言机。

协议的安全性定义为两阶段游戏。在第一个阶段，攻击者 E 可以随机查询以下函数：

1）$Send(\prod_{i,j}^{s}, M)$。当收到消息 $M$ 后，预言机 $\prod_{i,j}^{s}$ 执行协议并返回消息，或者返回一个接受或拒绝标志。如果 $\prod_{i,j}^{s}$ 不存在，它将创建一个会话。

2）$Reveal(\prod_{i,j}^{s})$。如果该预言未被接受，则返回 $\bot$；否则，返回会话密钥。

3）$Corrupt(ID)$。返回参与方 ID 的私钥。

一旦攻击者 E 决定第一阶段结束，它开始第二阶段。选择一个新鲜的预言机 $\prod_{i,j}^{s}$，并执行 $Test(\prod_{i,j}^{s})$ 询问。预言机的新鲜性及 $Test(\prod_{i,j}^{s})$ 定义如下：

**定义 4-2** 新鲜预言：一个预言机 $\prod_{i,j}^{s}$ 是新鲜的，如果① $\prod_{i,j}^{s}$ 被接受；② $\prod_{i,j}^{s}$ 未被打开（没有被 Reveal 函数查询过）；③参与方 $j \neq i$ 未被 Corrupt 函数查询；④在被打开的 $\prod_{j,i}^{t}$ 中，没有与 $\prod_{i,j}^{s}$ 相匹配的。

4）$Test(\prod_{i,j}^{s})$。若 $\prod_{i,j}^{s}$ 是新鲜的，挑战者随即选择 $b \in \{0,1\}$，如果 $b=0$，返回会话密钥；否则，返回一个均匀分布的随机值。之后，攻击者 E 还可以继续进行第一阶段的相关询问。

需要注意的是，在整个游戏中，禁止 E Reveal 被挑战的 $\prod_{i,j}^{s}$ 及其匹配预言机（如果存在）。并且不能 Corrupt 对等方 $j$ 及 $j$ 的高层 PKG 节点。

最后，攻击者返回对 $b$ 的猜测 $b'$，如果 $b' == b$，则攻击者 E 获胜，攻击者 E 获胜的优势定义为：$Adv^E(k) = \max\{0,\ \Pr[Ewins] - 1/2\}$。

**定义 4-3** 协议 $\prod$ 是安全，应满足以下条件：

1）当只存在一个忠实传递消息的良性攻击者时，预言机 $\prod_{i,j}^{s}$ 和它的匹配预言机 $\prod_{j,i}^{t}$，总能协商出相同的会话密钥，并且该会话密钥是在 $\{0,1\}^k$ 上均匀随机分布的。

2）$Adv^E(k)$ 是可以忽略的。如果协议满足上述定义，则它能够实现双向密钥认证、已知会话密钥安全性、未知密钥共享安全性以及抵抗密钥泄露假冒攻击。

（2）安全性证明。本节使用上述安全模型证明协议的安全性。方案的安全性基于 weak Decisional Bilinear Diffie-Hellman Inversion （wDBDHI*）的计算复杂性假设。

**定理 4-1** 假设 h-wDBDHI* 难题成立，则 HIBAKA 协议是安全的。

**证明：** 首先，证明协议满足定义 4-3 中的第 1 个条件。由于攻击者 E 是良性的，所以参与者能够正确收到协议消息，又由协议正确性分析可知，$K_{AB} == K_{BA}$，所以能够协商出相同的会话密钥，且在 $\{0,1\}^k$ 上均匀随机分布。

其次，证明协议满足定义 4-3 中的第 2 个条件。采用反证法，假设存在着一个能够成功攻击协议的攻击者 E，则能够构造出多项式时间模拟器 S 以不可忽略的优势解决 h-wDBDHI* 问题。

假设 E 最多请求 $q_0$ 个用户私钥，$q_1$ 次 Corrupt 询问，建立 $q_2$ 次会话。S 选取 $P \in (0, q_1)$ 保存在系统内部，并猜测 $\prod_{I,J}^{t}$ 将会是 E 在 Test 询问中要挑战的会话。定义 $\prod_{I,J}^{s}$ 和 $\prod_{J,I}^{s}$ 为第 $s$ 次协议运行中的两个参与方。其中，I 和 J 表示系统中的第 i 和第 j 个用户，他们的身份分别为 $(ID_{I,1}, \cdots, ID_{I,i})$ 和 $(ID_{J,1}, \cdots, ID_{J,j})$。给定 S 元素组 $(P, Q, Y_1, Y_2, \cdots, Y_h, Z)$，其中 $Y_i = \alpha^i P, \alpha \in_R \mathbb{Z}_p^*$。$Z$ 为 $e(P,Q)^{\alpha^{h+1}}$ 或 $G_T$ 上的随机元素。在上述假设的基础上，模拟器 S 的构造如下：

**Setup(λ, n)。** S 选择 $u_1, \cdots, u_h \in_R \mathbb{Z}_m$，$x_1, \cdots, x_h \in_R \mathbb{Z}_m$，其中 $m = 4(q_0 - 1)$。类似的选择 $v_1, \cdots, v_h \in_R \mathbb{Z}_p$，$y_1, \cdots, y_h \in_R \mathbb{Z}_p$。进一步选择 $k_j$

$\in_R [0, \cdots, n]$，其中 $1 \le j \le h$，$n$ 为用户标识分量（例如 $ID_{I,i}$）的长度。

对于 $1 \le j \le h$，定义函数：

$$F_j(ID_j) = p + mk_j - u_j - x_j ID_j$$

$$J_j(ID_j) = v_j + y_j ID_j$$

令 $P_1 = Y_1$，$P_2 = Y_h + yP$，$y \in_R \mathbb{Z}_p$，$P_{u,j} = (p + mk_j - u_j)Y_{h-j+1} + v_j P \ (1 \le j \le h)$，$P_{u',j} = -x_j Y_{h-j+1} + y_j P \ (1 \le j \le h)$。发送公共参数 $<P, P_1, P_2, \vec{P_u}, \vec{P_{u'}}>$。从 E 的视角，公共参数是不可分辨的。主密钥 $\alpha P_2$ 对 S 是不可知的。并且通过上述定义可以看出，

$$V_j = P_{u,j} + ID_j P_{u',j} = F_j(ID_j)Y_{h-j+1} + J_j(ID_j)P$$

**KG(ID)**。KG 模拟用户私钥的产生。S 维护一个列表 $L_{KG} = (ID, d, r, flag)$。其中，ID 是用户标识，$ID = (ID_1, \cdots, ID_k)$，$k \le h$，$d$ 为对应的私钥，$r$ 为随机数，$flag \in \{0,1\}$ 为用户类别标志，其中，$flag = 0$ 表示 $\forall j \in \{1, \cdots, k\}, F_j(ID_j) = 0$；$flag = 1$ 表示 $\exists j \in \{1, \cdots, k\}, F_j(ID_j) \ne 0$。

1）如果 $\forall j \in \{1, \cdots, k\}, F_j(ID_j) = 0$，则 S 无法为该用户产生私钥。S 标记列表项为 $(ID, \perp, \perp, 0)$。

2）如果 $\exists j \in \{1, \cdots, k\}, F_j(ID_j) \ne 0$，并且 $j$ 为第一个使得 $F_j(ID_j) \ne 0$ 的数，则选择一个随机数 $r \in \mathbb{Z}_p$，计算

$$d_{0|j} = -\frac{J_j(ID_j)}{F_j(ID_j)}Y_j + yY_1 + r(F_j(ID_j)Y_{h-j+1} + J_j(ID_j)P),$$

$$d_1 = rP - F_j^{-1}(ID_j)Y_j,$$

令 $\tilde{r} = r - \frac{\alpha^j}{F_j(ID_j)}$，则有：

$$d_{0|j} = -\frac{J_j(ID_j)}{F_j(ID_j)}Y_j + yY_1 + r(F_j(ID_j)Y_{h-j+1} + J_j(ID_j)P)$$

$$= -\frac{J_j(ID_j)}{F_j(ID_j)}Y_j + yP_1 + rV_j$$

$$= \alpha Y_h + \alpha yP + rV_j - \left(\alpha Y_h + \frac{J_j(ID_j)}{F_j(ID_j)}Y_j\right)$$

$$= \alpha(Y_h + yP) + rV_j - \alpha^j \left(\alpha^{h-j+1}P + \frac{J_j(ID_j)}{F_j(ID_j)}P\right)$$

$$= \alpha P_2 + rV_j - \frac{\alpha^j}{F_j(ID_j)}V_j$$

$$= \alpha P_2 + \left( r - \frac{\alpha^j}{F_j(ID_j)} \right) V_j$$

$$= \alpha P_2 + \tilde{r} V_j$$

$$d_0 = d_{0|j} + \sum_{i \in \{1, \cdots, k\} \setminus \{j\}} \tilde{r} V_i = \alpha P_2 + \tilde{r} \left( \sum_{j=1}^{k} V_j \right),$$

$$d_1 = rP - F_j^{-1}(ID_j) Y_j = \left( r - \frac{\alpha^j}{F_j(ID_j)} \right) P = \tilde{r} P_{\circ}$$

进一步地，S 计算出 $\tilde{r} P_{u,j}$，$\tilde{r} P_{u',j}$，$k{<}j{\le}h_{\circ}$

因此，S 能够生成私钥 $d = ( \alpha P_2 + \tilde{r} ( \sum_{j=1}^{k} V_j )$，$\tilde{r} P$，$\tilde{r} P_{u,k+1}$，$\cdots$，$\tilde{r} P_{u,h}$，$\tilde{r}$ $\vec{P}_{u',k+1}$，$\cdots$，$\tilde{r} \vec{P}_{u',h} )_{\circ}$ 可以看出 $d$ 满足正确的分布，对于攻击者 E 是有效的。

**Corrupt( ID )**。Corrupt 函数通过调用 KG 产生用户私钥。

1）若 ID = $J$ 或 $J$ 的高层 PKG 节点，则报错退出（Event 1）。否则，下一步。

2）调用 KG（ID），产生对应的私钥。

3）若返回列表项中 $flag$ = 0，则 KG 无法产生该私钥，S 报错退出（Event 2）。

**Send** ( $\prod_{i,j}^{s}$，**M** )。S 维护一个列表 $\Omega = \{ \prod_{i,j}^{s}, tran_{i,j}, r_{i,j}, K_{i,j}, SK_{i,j} \}$。其中 $tran_{i,j}$ 为协商中的交互消息，$r_{i,j}$ 为产生消息时的随机数，$K_{i,j}$，$SK_{i,j}$ 初始时设为 $\perp$。同时，列表 $\Omega$ 还能够在 Reveal 中被更新。当 S 收到查询的预言机 $\prod_{i,j}^{s}$ 及消息 M 时，做如下处理：

当 $s \neq t$ 时，则 S 随机选取 $r_{i,j}$，根据协议规范诚实地回答，并更新 $\Omega$。若预言机 $\prod_{i,j}^{s}$ 不在 $\Omega$ 中，还需调用 KG(ID) 获得 I，J 所对应的私钥。当 KG 无法产生私钥时，S 报错退出（Event 3）。

当 $s = t$ 时，S 查询 KG（J），如果返回 $flag$ = 1，则报错退出（Event 4）；反之，S 根据 M 的值，分以下三种情况处理：

1）$M = \lambda$：S 为协议的发起者，S 构造 $T_I^* = T_{I,1}^* \parallel T_{I,2}^*$，其中 $T_{I,1}^* = Q$，$T_{I,2}^* = \sum_{i=1}^{j} J_i(ID_{J,i}^*) Q$。可以看出，令 $Q = xP$，$x$ 为 $\mathbb{Z}_p$ 上的某个数，则 $T_{I,1}^* = xP$，$T_{I,2}^* = x \sum_{i=1}^{j} V_{J,i}$。$T_I^*$ 符合协议要求。S 返回 $T_I^*$，并更新 $\Omega$。

2）M 为消息 1：首先，S 构造 $T_I^*$ 并返回，方法与情况 1 相同；其次，假设 S 收到消息为 $M = T_J = T_{J,1} \parallel T_{J,2}$，S 可以计算共享密钥 $K_{I,J}^* = e(d_{I,0}, T_{J,1})$

$e(d_{I,1}^{-1},T_{J,2})e(Y_1,yQ)Z$。可以看出若 $Z=e(P,Q)^{\alpha^{h+1}}$，则 $e(Y_1,yQ)Z=e(P_1,P_2)^x$，$K_{I,J}^*$ 是一个有效的共享密钥。S 将共享密钥 $K_{I,J}^*$ 及对应的 $SK_{I,J}^*$ 保存在 $\Omega$ 中。

3）M 为消息 2：S 仅返回接收标志，同时，根据 M 计算并保存 $K_{I,J}^*$、$SK_{I,J}^*$，方法与情况 2）一致。

**Reveal**（$\prod_{I,J}^s$）。S 首先获取列表 $\Omega$ 中的 $\prod_{I,J}^s$ 表项。

1）如果查询的 $\prod_{I,J}^s$ 未接受（accepted），返回 $\perp$。

2）如果查询的预言机为 $\prod_{I,J}^t$，或者是与其匹配的预言机 $\prod_{J,I}^{t'}$，则报错退出（Event 5），否则，返回 $SK_{I,J}$。

**Test**（$\prod_{I,J}^s$）。当 E 决定结束第一阶段时，选择一个新鲜的参与方 $\prod_{i,j}^s$ 发起 Test 询问。S 收到后询问请求后，作如下处理：

1）如果 $s\neq t$，则报错退出（Event 6）。

2）否则，S 查找列表 $\Omega$，获得 $SK_{I,J}$，并返回。

**Guess**。一旦 E 决定完成询问，则输出它的猜测 $b'\in\{0,1\}$。S 接收到 E 返回的 $b'$ 时，将其作为对 Z 的猜测。如在 Send 函数中所述，若 $Z=e(P,Q)^{\alpha^{h+1}}$，则 $SK_{I,J}$ 是一个有效的会话密钥，否则，其为一个随机数。

可以看出，若 S 在整个模拟过程中都没有退出，则攻击者无法分辨出是模拟或是现实的攻击场景。下面，计算 S 成功的概率 $\varepsilon'$。

令 $\overline{Event\ \lambda}=\overline{Event\ 2}\wedge\overline{Event\ 3}\wedge\overline{Event\ 4}$，首先计算 $\Pr[\overline{Event\ \lambda}]$ 的概率。可以看出，要使 Event 2，Event 3，Event 4 均不发生，即在 $q_0$ 次 KG 请求中，有 $q_0-1$ 次使得 $\exists j\in\{1,\cdots,k\},F_j(ID_j)\neq0$，1 次使得 $\forall j\in\{1,\cdots,k\},F_j(ID_j)=0$。因此，对于任意顺序的 $q_0$ 次 KG 请求（为计算方便，令所有节点的层数均为 $h$），有：

$\Pr[\overline{Event\ \lambda}]$

$=\Pr[(\bigwedge_{i=1}^{q_0-1}(\bigvee_{j=1}^{h}F_j(ID_{i,j})\neq0))\wedge(\bigwedge_{j=1}^{h}F_j(ID_{J,j})=0)]$

$=(1-\Pr[\bigvee_{i=1}^{q_0-1}(\bigwedge_{j=1}^{h}F_j(ID_{i,j})=0)])\Pr[\bigwedge_{j=1}^{h}F_j(ID_{q_0,j})=0\mid\bigwedge_{i=1}^{q_0-1}(\bigvee_{j=1}^{h}F_j(ID_{i,j})\neq0)]$

$\geqslant(1-\sum_{i=1}^{q_0-1}\Pr[\bigwedge_{j=1}^{h}F_j(ID_{i,j})=0])\Pr[\bigwedge_{j=1}^{h}F_j(ID_{J,j})=0\mid\bigwedge_{i=1}^{q_0-1}(\bigvee_{j=1}^{h}F_j(ID_{i,j})\neq0)]$

$$= \left(1 - \frac{q_0 - 1}{[m(n-1)]^h}\right) \Pr\left[\bigwedge_{j=1}^{h} F_j(ID_{J,j}) = 0 \mid \bigwedge_{i=1}^{q_0-1} \left(\bigvee_{j=1}^{h} F_j(ID_{i,j}) \neq 0\right)\right]$$

$$= \left(1 - \frac{q_0 - 1}{[m(n-1)]^h}\right) \frac{\Pr\left[\bigwedge_{j=1}^{h} F_j(ID_{J,j}) = 0\right]}{\Pr\left[\bigwedge_{i=1}^{q_0-1} \left(\bigvee_{j=1}^{h} F_j(ID_{i,j}) \neq 0\right)\right]} \Pr\left[\bigwedge_{i=1}^{q_0-1} \left(\bigvee_{j=1}^{h} F_j(ID_{i,j})\right)\right.$$

$$\left. \neq 0 \mid \bigwedge_{j=1}^{h} F_j(ID_{J,j}) = 0\right]$$

$$\geqslant \left(1 - \frac{q_0 - 1}{[m(n-1)]^h}\right) \frac{1}{[m(n-1)]^h}\left(1 - \Pr\left[\bigvee_{i=1}^{q_0-1} \left(\bigwedge_{j=1}^{h} F_j(ID_{i,j})\right)\right.\right.$$

$$\left.\left. = 0 \mid \bigwedge_{j=1}^{h} F_j(ID_{J,j}) = 0\right]\right) \geqslant \left(1 - \frac{q_0 - 1}{[m(n-1)]^h}\right)^2 \frac{1}{[m(n-1)]^h}$$

$$\geqslant \left(1 - 2\frac{q_0 - 1}{m}\right) \frac{1}{[m(n-1)]^h}$$

其中，$\Pr[F_j(ID_{i,j}) = 0] = \dfrac{1}{m(n-1)}$，$\forall i \in [1, q_0], j \in [1, \cdots, h]$。由前提假设 $m = 4(q_0 - 1)$ 可得：

$$\Pr[\overline{Event\ \lambda}] \geqslant \frac{1}{2[4(q_0 - 1)(n-1)]^h}$$

因此，S 成功的概率计算如下：

$$\varepsilon' = \Pr[Ewins \wedge \overline{Event\ 1} \wedge \overline{Event\ 5} \wedge \overline{Event\ 6} \wedge \overline{Event\ \lambda}]$$

$$= \Pr[Ewins \mid \overline{Event\ 1} \wedge \overline{Event\ 5} \wedge \overline{Event\ 6} \wedge \overline{Event\ \lambda}] \cdot$$

$$\Pr[\overline{Event\ 1} \mid \overline{Event\ 5} \wedge \overline{Event\ 6} \wedge \overline{Event\ \lambda}] \cdot$$

$$\Pr[\overline{Event\ 5} \mid \overline{Event\ 6} \wedge \overline{Event\ \lambda}] \cdot$$

$$\Pr[\overline{Event\ 6} \mid \overline{Event\ \lambda}] \cdot$$

$$\Pr[\overline{Event\ \lambda}]$$

$$= \varepsilon(k) \frac{1}{q_1} \frac{1}{q_2} \frac{1}{q_1} \Pr[\overline{Event\ \lambda}]$$

$$\geqslant \frac{\varepsilon(k)}{2[4(q_0 - 1)(n-1)]^h q_1^2 q_2}$$

综上所述，S 能够以不可忽略的概率 $\varepsilon'$ 解决 h-wDBDHI* 问题，这与 h-wDBDHI* 的假设矛盾。因此，该协议是安全的。

定理 4-1 证明完毕。

### 4.3.3 性能分析与比较

将本书提出的 HIBAKA 与目前唯一的基于分级身份的同类型密钥协商协议 FSY 进行比较，主要比较通信开销及计算开销，如表 4-1 所示。其中 $k$ 为节点的层次数，$T_p$ 为双线性对计算开销，$T_m$ 为群 G 上的乘法运算开销。可以看出 FSY 协议的通信开销随 $k$ 线性增加，而 HIBAKA 协议为一个常量，不受 $k$ 的影响。另外，FSY 协议的双线性对（$T_p$）计算开销也随着节点层次数 $k$ 线性增加，由于用户节点的层次数 $k \geqslant 2$，所以其双线性对计算个数至少为 5 个，计算开销大，并且仅在随机预言模型下进行了证明。综上所述，HIBAKA 的通信与计算效率最优，且在标准模型下进行了证明，安全性高。

**表 4-1 密钥协商协议性能分析**

| 方案 | 通信开销 | 计算开销 | 计算开销合计（$k=2$） | 安全模型 |
|---|---|---|---|---|
| FSY | $k\|G\|$ | $(3k-1)T_p+(k+2)T_m$ | $109T_m$ | 随机 |
| HIBAKA | $2\|G\|$ | $2T_p+(k+2)T_m$ | $46T_m$ | 标准 |

## 4.4 基于上下文传递的 LDTN 安全切换机制

首先，本节设计了一种面向临近空间浮空器的切换基站选择算法，以基于多普勒频移技术计算出飞行器发生切换的时间与位置，确定切换基站；其次，利用上下文传递机制预先将认证信息传递给切换基站，保证切换过程中通信的可靠性。

### 4.4.1 基于多普勒频移的切换基站选择算法

本书针对网络高速飞行器接入临近空间浮空器基站的应用场景，提出基于多普勒频移的切换基站选择算法。浮空器基站通过计算飞行器发生切换的时间与位置，确定下一跳切换基站，为节点的信任传递及通信信道预留提供依据。为便于分析，下文假设高速飞行器处于巡航阶段，飞行速度、方向及高度保持不变。下面给出飞行器切换时间与位置的计算方法。

（1）高速飞行器切换时间计算。首先给出临近空间浮空器与高速飞行器节点之间地心角的计算公式，如图 4-8 所示。$A$ 为临近空间浮空器，海拔高度为 $H$，$B$ 为高速飞行器，海拔高度为 $h$，$R_E$ 为地球半径。浮空器通过检测多普勒频移，可以得到飞行器与浮空器的通信仰角 $E$，因此能够计算出地心角 $\Omega$，如公式（4-4）所示。

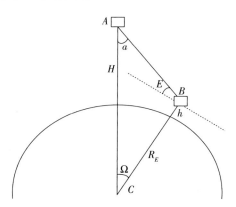

**图 4-8　浮空器与飞行器的地心角计算**

$$\frac{\sin(a)}{R_E + h} = \frac{\sin(90° + E)}{R_E + H}$$

$$\frac{\sin(90° - \Omega - E)}{R_E + h} = \frac{\sin(90° + E)}{R_E + H}$$

$$\Omega = \arccos\left(\frac{R_E + h}{R_E + H}\cos(E)\right) - E \qquad (4-4)$$

以地心为球心，$R_E + h$ 为半径做一个球面，将浮空器的通信覆盖区域投影到该球面上，如图 4-9 所示。令 $N$ 为浮空器在该球面上的映射点，在 $t_0$ 时刻，飞行器位于 $A$ 点，$t_1$ 时刻飞行至 $B$ 点，能够通过公式（4-4）计算出角距离 $AN = \arccos\left(\frac{R_E + h}{R_E + H}\cos(E_0)\right) - E_0$，$BN = \arccos\left(\frac{R_E + h}{R_E + H}\cos(E_1)\right) - E_1$。$E_0$、$E_1$ 为相应的通信仰角。

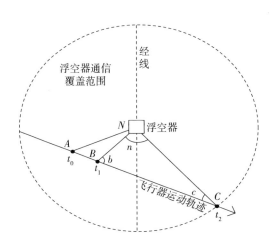

**图 4-9    高速飞行器切换时间计算**

通过飞行器的角速度 $v$ 可以计算出角 $AB=v \cdot (t_1-t_0)$。对球面三角形 ANB 运用余弦定理可以获得角 $b = 180° - \arccos\left(\dfrac{\cos(AN) - \cos(AB)\cos(BN)}{\sin(AB)\sin(BN)}\right)$。设飞行器与浮空器的最小通信仰角为 $E_{min}$，则能够计算出 $CN = \arccos\left(\dfrac{R_E+h}{R_E+H}\cos(E_{min})\right) - E_{min}$。利用正弦定理可以获得方位角 $c = \arcsin\left(\dfrac{\sin(BN)\sin(b)}{\sin(CN)}\right)$，角 $n=180°-b-c$。最终通过等式 $BC=v \cdot (t_2-t_1)=\arcsin\left(\dfrac{\sin(CN)\sin(n)}{\sin(b)}\right)$，可以计算出节点发生切换的时间 $t_2 = \dfrac{1}{v} \cdot \arcsin\left(\dfrac{\sin(CN)\sin(n)}{\sin(b)}\right)+t_1$。

（2）高速飞行器切换位置计算。在图 4-10 中，点 N 为临近空间浮空器的位置，C 为高速飞行器发生切换时的位置，$\overrightarrow{DC}$ 为飞行器的航向线。由于临近空间浮空器对地静止，能够通过其所在的经纬度 $NB$、$BE$ 计算出 $NE = \arccos(\cos(NB) \cdot \cos(BE))$。相应地，能够计算出角 $E = \arcsin\left(\dfrac{\sin(NB)}{\sin(NE)}\right)$，角 $N_1=90°-E$。根据飞行器的航向角可以获得航向线与经线的逆时针夹角 $d$，因此可以获得角 $N_2=180°-d-c$，其中 $c$ 为飞行器发生切换时的方位角。最终可以获得角 $N=N_1+N_2$。另外，可以计算出 $CE = \arccos(\cos(CN)\cos$

$(NE)+\sin(CN)\sin(NE)\cos(N))$。通过正弦定理，可以获得 $E_1 = \arcsin$
$\left(\dfrac{\sin(CN)\sin(N)}{\sin(CE)}\right)$，$E_2 = E - E_1$。最终可以计算出飞行器发生切换的经度
$CA$ 及维度 $AE$：

$$CA = \arcsin(\sin(CE) \cdot \sin(E_2)),$$
$$AE = \arccos(\cos(CA)\cos(CE) + \sin(CA)\sin(CE)\cos(90° - E_2))。$$

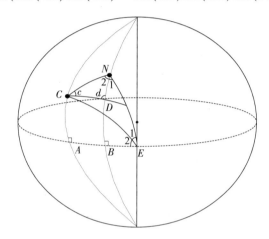

图 4-10　高速飞行器切换地理坐标计算

临近空间浮空器通过计算飞行器切换时间与位置，能够确定飞行器将会发生切换的下一跳基站，为安全切换的实施提供依据。

## 4.4.2　安全切换机制

本节在 4.4.1 节切换基站选择算法的基础上，提出基于上下文传递的 LDTN 网络安全切换机制。其基本过程是：当移动飞行器节点 MN 通过认证协议接入到当前浮空器基站（current Base Station，cBS）后，cBS 通过切换基站选择算法，计算出 MN 发生切换的时间与位置，确定切换基站候选集合。然后通过上下文传递机制提前将包含 MN 认证信息的安全上下文消息传递给下一跳切换基站（next Base Station，nBS），以实现 MN 的快速无缝安全切换，保证切换通信不会发生中断。下面首先给出相关安全上下文消息的定义，之后给出安全切换流程与传递算法。

（1）相关安全上下文消息定义。CXTP 中定义了六类上下文传递的通用

消息及格式，本书在其基础上进行扩展，给出上下文切换机制中安全上下文信息的详细定义。

1）安全上下文请求（Security Context Request，SCR）消息：由 MN 发送给 cBS，表明 MN 请求实施安全上下文切换机制，消息中包含 MN 的标识信息、密码算法类型、切换策略及其他需要的安全上下文数据。

2）安全上下文请求回复（Security Context Request Reply，SCRR）消息：由 cBS 发送给 MN，表明安全切换是否成功，若成功，则消息中包含 nBS 标识、cBS 标识、切换会话密钥、当前时间戳消息。

3）安全上下文数据（Security Context Date，SCD）消息：由 cBS 发送给 nBS，用于传输 MN 的安全上下文信息，信息包含 MN 标识、cBS 标识、MN 认证/传输安全算法类型、MN 切换会话密钥、当前时间戳、MN 发生切换的预期时间等信息。

4）安全上下文数据回复（Security Context Date Reply，SCDR）消息：由 nBS 节点发送给 cBS 节点，用于回复 cBS 节点所发送的 SCD 消息，消息中包含 MN 的地址信息、当前时间戳、接收或拒绝标志位。

5）安全上下文切换请求（Security Context Handoff Request，SCHR）消息：由 MN 发送给 nBS，表明 MN 请求实施切换认证，消息中包含 MN 标识、加密/认证算法标识、cBS 标识、是否请求回复标志。

6）安全上下文切换请求回复（Security Context Handoff Request Reply，SCHRR）消息：由 nBS 发送给 MN。当 MN 发送的 SCHR 消息中请求回复标志置 1 时，nBS 发送 SCHRR 消息给 MN。消息中包含 nBS 标识、MN 标识、当前时间戳。SCHRR 为可选项。

7）安全上下文查询（Security Context Query，SCQ）消息：由 nBS 发送给 cBS，用于查询 MN 的安全上下文信息。当 nBS 接收到 MN 发送的 SCHR 消息后未在安全上下文数据库中查询到相关信息时，将通过 SCQ 消息向 cBS 查询该 MN 的 SC 信息，cBS 通过 SCD 消息回复。SCQ 为可选项。

在上述消息传输过程中，需要对其进行认证与加密传输。其中，SCR、SCRR、SCHR 及 SCHRR 消息由 MN 与 cBS/nBS 间的会话密钥进行安全保护，SCD、SCDR、SCQ 消息将通过 cBS 与 nBS 间所建立的安全通道进行传输。

（2）安全切换流程。基于上下文传递的安全切换流程如图 4-11 所示，具体步骤如下：

1）高速飞行器节点 MN 首先与浮空器基站进行接入认证，并协商出会

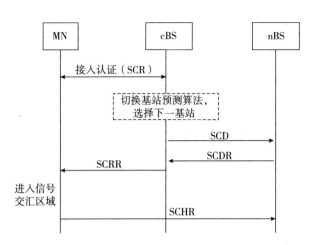

**图 4-11  基于上下文传递的临近空间安全切换机制流程**

话密钥 $SK_0$；同时，MN 将包含相关切换策略（例如最大接入时间优先或者最小通信距离优先、是否预留通信信道等）的 SCR 消息附在认证消息中发送给浮空器基站。

2）浮空器节点作为当前接入基站 cBS，采用切换基站选择算法计算出 MN 发生切换的时间 T 及坐标，根据 MN 的切换策略确定下一跳切换基站 nBS。

3）在时刻 $T-T_{th}$ 时，cBS 将 MN 的安全上下文信息 SC = ($ID_{MN}$, EA, AA, T, CS, $SK_1$) 封装成 SCD 消息发送给 nBS。其中 $T_{th}$ 为切换信息发送门限值，$ID_{MN}$ 代表切换节点标识，EA、AA 代表通信加密及认证算法，T 代表预期切换时间，CS 表示预留通信信道资源数，$SK_1 = PRF(SK_0, R_0)$ 为切换会话密钥，PRF 为伪随机数生成函数，$R_0$ 为随机数，由 cBS 产生并对外保密。

4）nBS 收到 SCD 消息后，将安全上下文信息 SC 保存，并根据相关切换策略为 MN 预留通信信道等资源。之后，nBS 返回成功应答消息 SCDR。

5）cBS 节点收到 SCDR 消息后发送安全上下文请求回复消息 SCRR 给 MN，SCRR 消息中包含有 nBS 的节点标识、会话密钥 $SK_1$ 等内容，SCRR 消息通过 MN 与 cBS 的会话密钥 $SK_0$ 进行加密与认证，MN 节点收到后将相关消息保存。

6）当飞行器 MN 到达 cBS 与 nBS 的通信覆盖区域交汇处时，MN 发送安全上下文切换请求消息 SCHR。SCHR 消息中包含有 MN、cBS、nBS 的标识以及当前时间戳 $T_{MN}$ 等信息。SCHR 消息通过切换会话密钥 $SK_1$ 进行加密与认证。

7）nBS 节点收到 SCHR 消息后，首先获取当前时间戳 $T_{cur}$，验证 $|T_{cur}-T_{MN}|\leq\Delta t$，$\Delta t$ 为切换预留取消门限值，若正确，则查找上下文信息，获取会话密钥 $SK_1$ 解密并验证 SCHR 消息，完成整个切换过程。另外，nBS 节点若在预期切换时间 $T+\Delta t$ 到达后，仍未收到 SCHR 消息时，将删除对应的安全上下文信息，释放预留信道等资源。

在上述安全切换过程中，MN 与 BS 之间消息传输的安全性通过会话密钥保证。由于会话密钥通过 PRF 函数派生，PRF 函数的单向性保证了后续 BS 基站无法获取先前的会话密钥。同时，在会话密钥生成过程中添加随机数 R，能够保证先前 BS 无法通过自身所拥有的会话密钥推导出后续会话密钥。例如，基站 nBS 派生出会话密钥 $SK_2 = PRF$（$SK_1$，$R_1$）发送给下一跳基站 nBS′，由于随机数 $R_1$ 仅被 nBS 基站知道，保证了 cBS 仅能通过 $SK_0$ 获取 $SK_1$，但是无法获取 $SK_2$ 及以后的会话密钥。

（3）安全切换算法。下面给出基于上下文传递的安全切换算法，如表 4-2 所示。在算法中使用的关键函数定义如下：

Enter( $MN$ , $cBS$ )：表示 MN 成功接入当前网络基站 cBS。

HO_Cmp( $MN$ , $T_{MN}$ , $L_{MN}$ )：通过切换基站选择算法计算出节点 MN 发生切换的时间 $T_{MN}$ 与位置 $L_{MN}$。

HO_Set( $MN$ , $<nBS_i>$ )：表示获取 MN 的下一跳切换基站备选集合。

SCD( $nBS_i$ , $MN$ , $T_{MN}$ , $L_{MN}$ )：表示将 MN 发生切换时间 $T_{MN}$ 与切换位置 $L_{MN}$ 通过 SCD 消息发送给下一跳切换基站 $nBS_i$。

SCDR_Accept( $nBS_i$ , $MN$ )：表示切换基站 $nBS_i$ 发送安全上下文数据回复消息，并确认接受。

在算法中包括两个部分：①切换基站选择与上下文传递流程；②切换基站处理流程。其中，在切换基站选择过程中，由于接入节点发生切换的区域一般被多个切换基站所覆盖（例如同时存在临近空间基站、LEO 卫星基站等）。因此，cBS 需要根据策略从中选择一个最佳切换基站，发送 SCD 消息。若切换基站未回复消息或者拒绝接收时，则依次发送 SCD 消息给其他备选切换基站。

表4-2 安全切换算法

| 1 | //切换基站选择与上下文传递流程 |
|---|---|
| 2 | if Enter( MN,cBS) then |
| 3 | HO_Cmp( MN,$T_{MN}$,$L_{MN}$); |
| 4 | HO_Set( MN,<$nBS_i$>); //获取候选切换基站备选集合 |
| 5 | for (i=1,1≤i≤|Set|,i++) then |
| 6 | SCD( $nBS_i$,MN,$T_{MN}$,$L_{MN}$); |
| 7 | if (SCDR_Accept( $nBS_i$,MN)); //切换基站回复 SCDR 确认消息 |
| 8 | Return( $nBS_i$,MN); |
| 9 | Else i++; |
| 10 | End for |
| 11 | End if |
| 12 | //切换基站处理流程 |
| 13 | If( SCD( $nBS_i$,MN,$T_{MN}$,$L_{MN}$),Policy=True); //收到切换请求消息,且允许接收 |
| 14 | SCD_Accept( $nBS_i$,MN); //返回切换确认消息 |
| 15 | End if |
| 16 | If( Current_T=$T_{MN}$−Δt) //当 MN 即将到达切换区域时 |
| 17 | reserve channel resource for MN; //根据策略预留通信信道等资源 |
| 18 | Wait_handoff( MN); //等待 MN 切换接入 |
| 19 | End if |
| 20 | If( Current_T≥$T_{MN}$+Δt) |
| 21 | release channel resource for MN; //释放预留信道等资源 |
| 22 | End if |

## 4.4.3 协议分析与仿真实验

下面对本书所提出的安全切换机制进行性能分析与仿真实验。

（1）性能分析。下面对本书机制的性能进行分析，并与基于安全上下文的同类型安全切换机制 SCPT 进行对比。SCPT 方案通过安全上下文及单向 Hash 链机制实现安全切换。在表4-3中，令 $T_{sig}$ 表示签名运算时间，$T_{asymE}$ 表示非对称加密运算时间，$T_{sigcry}$ 表示签密运算时间，$T_{symE}$ 表示对称加解密运算时间。

表 4-3　安全切换机制性能分析与对比

| 机制 | 发生切换前 | | 切换过程中 | |
|------|------|------|------|------|
| | 通信开销 | 计算开销 | 通信开销 | 计算开销 |
| SCPT | 5 | $2T_{sig}+2T_{symE}$ | 2 | $T_{asymE}$ |
| 本书机制 | 3 | $4T_{symE}$ | 1 | $T_{symE}$ |

从表 4-3 中可以看出，本书机制在发生切换前需要传递 3 次上下文消息，4 次对称加密运算，在切换过程中需要 1 次消息传递及 1 次对称加密运算，整个过程无需公钥运算即可完成切换，因此通信与计算开销小。而 SCPT 机制均需要多次非对称密码运算，且通信次数多，因此通信与计算开销较大。另外，本书机制具有基于多普勒频移的切换基站选择算法，能够提高切换对象预测的精度。

（2）仿真实验。本书使用 OPNET 仿真工具对本书机制及 SCPT 机制的性能进行验证与比较，仿真初始参数如表 4-4 所示。其中最大驻留时间 $T_s$ 表示飞行器在浮空器覆盖区域内驻留的最长时间。仿真过程中，浮空器基站组成接入网络，飞行器随机接入网络，并以设定速度与高度直线飞行。飞行器以 Possion 分布概率发起接入认证，接入持续时间符合 Gamma 分布。

表 4-4　安全切换仿真参数初始设置

| 参数 | 数值 |
|------|------|
| 浮空器/飞行器数目 | 50/250 |
| 浮空器/飞行器高度（km） | 30/20 |
| 浮空器对飞行器通信覆盖半径（km） | 40 |
| 高速飞行器巡航速度 $V_a$（km/s） | 0.34 |
| 最大驻留时间 $T_s$（min） | 3.92 |
| 呼叫到达率（$10^{-4}$calls/sec） | 1.1 |
| 呼叫时长（s） | 180 |
| 仿真时间（h） | 10 |

首先仿真比较各机制的平均切换时延，如图 4-12 所示。从图中可以看出，本书机制的平均切换时延在 32～39ms，小于 SCPT 机制。主要原因是本

书机制的通信与计算开销较小，不易受链路时延及误码率的影响。

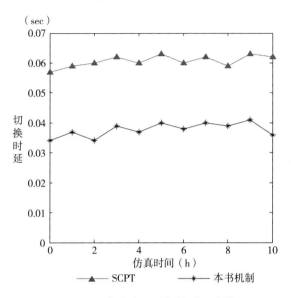

**图 4-12 各方案平均切换时延比较**

另外，在接入切换过程中还面临着通话切换问题，即节点在通信过程中发生切换。为了保证节点切换过程中不发生通信中断，需要切换基站从而能够为节点预留通信信道。此时，需要考虑的一种重要指标为切换信息发送门限值 $T_{th}$（即当前基站预先发送上下文信息给切换基站的时间）的选择。如果 $T_{th}$ 过小，则切换基站可能无法预留出空闲信道，从而导致节点通信中断，使得系统的强制中断概率 $P_f$ 增加；如果 $T_{th}$ 过大，则切换基站需要较长时间预留空闲信道，浪费有限的带宽资源，增加系统的通话阻塞概率 $P_B$。因此需要对切换门限 $T_{th}$ 的取值进行仿真分析，以选取最优值。

首先，仿真实验不同切换门限 $T_{th}$ 与浮空器通信负载对本机制强制中断概率 $P_f$ 的影响，如图 4-13 所示。可以看出：当切换门限与驻留时间之比（$T_{th}/T_s$）大于 0.3 时，本书机制受浮空器通信负载的影响较小，能够保证强制中断概率 $P_f$ 小于 1%。其主要原因是，当 $T_{th}/T_s > 0.3$ 时能够保证切换基站有充足的时间从而完成对节点的认证，并预留出通信信道，避免节点切换到下一基站时因为认证时延或者通信资源不足而被迫中断通信。图 4-14 为切换门限 $T_{th}$ 对通信阻塞概率 $P_B$ 的影响。从图中可以看出，$P_B$ 与 $T_{th}/T_s$ 的取值成正比，当 $T_{th}$ 越大时，需要预留信道数越多，相应地减少了

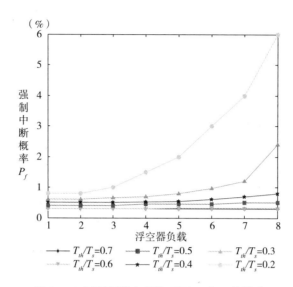

图 4-13　不同通信负载情况下，对 $P_f$ 的影响

为新接入节点提供服务的空闲信道。因此当 $T_{th}$ 及浮空器通信负载增大时，通话阻塞概率 $P_B$ 增大。

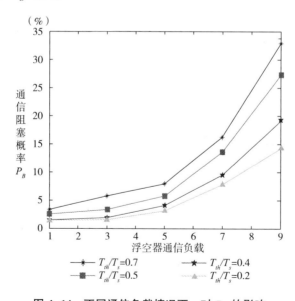

图 4-14　不同通信负载情况下，对 $P_B$ 的影响

通过上述分析可以看出，当 $T_{th}/T_s = 0.4$ 时，切换机制的强制中断概率

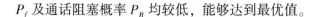

$P_f$ 及通话阻塞概率 $P_B$ 均较低，能够达到最优值。

# 4.5　本章小结

本书针对 LDTN 的特点，提出一种基于中国剩余定理的组密钥管理方案 CRDGK。该方案在用户加入时不需要广播密钥更新消息。同时，在用户退出时仅需要广播一条消息，并且，其节点的计算开销及存储开销均小。通过仿真实验表明，CRDGK 适合在网络间歇性连接、通信长时延的 LDTN 场景中使用。

同时，本书又提出一种基于分级身份的认证密钥协商协议。与目前已有同类协议相比，该协议的通信与计算开销小。并且，在标准模型下证明了协议的安全性，其安全性更高。

最后，提出了一种面向临近空间浮空器基站的安全切换机制。通过基于多普勒频移的切换基站选择算法，确定切换基站；通过上下文机制预先将节点认证信息与会话密钥传递给切换基站，避免了切换过程中的认证时延与通信中断。

# 5  LDTN 远程可信证明机制

本书基于可信计算实现 LDTN 网络的远程证明机制，能够保证基站对接入节点进行持续不间断的安全监控，提高整个网络的安全性。本章对可信计算的远程证明机制进行了深入研究。针对并发处理效率低的问题，提出了支持批处理的远程证明机制。针对不支持推送模式的问题，提出了支持推送模式的远程证明机制。

## 5.1  基于可信计算的远程证明技术研究现状

远程证明是可信计算的一项重要功能，能够将终端当前的安全状态提供给远程验证方。在 LDTN 网络中，终端的数量多且地理位置分散，存在被物理入侵或捕获的风险，因此利用远程证明机制能够验证终端的安全状态，保证终端的可信性。并且基站可以对接入终端进行持续不间断的安全监控，进一步提高整个网络的安全性。

本节介绍可信计算和远程证明的相关概念，包括可信平台框架、信任链的建立与传递等，重点对远程证明中各种完整性度量模型以及完整性报告协议进行研究。

### 5.1.1  可信计算体系结构

（1）可信计算平台。可信计算平台的基本框架如图 5-1 所示，它在传统的主板上添加了可信构造模块（Trusted Building Block，TBB）以及与平台相关的嵌入硬件。其中 TBB 是可信计算平台的安全核心，由核心度量模块（Core Root of Trust for Measurement，CRTM）和可信平台模块（Trusted Platform Module，TPM）以及它们和主板的连接组成。CRTM 是系统启动后执行的第一段代码并且不可改变，TPM 是一个硬件模块，为可信计算提供所需的基本运算和存储功能。

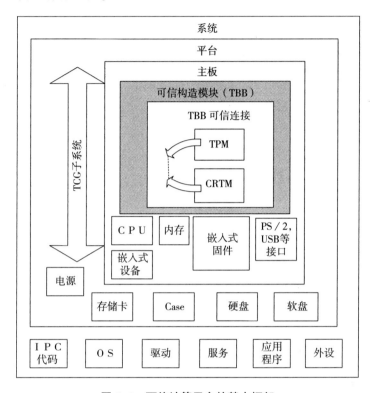

图 5-1 可信计算平台的基本框架

（2）信任的建立与传递。可信计算组织 TCG 对"可信"的定义是：如果一个实体的行为总是以预期的方式，朝着预期的目标，则该实体是可信的。

根据该定义，建立可信首先需要拥有可信根（Roots of Trust）。可信根是一个必须能够被信任的组件，以此为基础建立一条信任链（Chain of Trust），将可信传递到系统的各个模块，从而建立起整个系统的可信。通常在一个可信计算平台中有三个可信根：

可信测量根（Root of Trust for Measurement，RTM）：RTM 用来可靠地测量任何用户定义的平台配置。RTM 的执行部件即 CRTM，由于它是平台启动后最先执行的代码并且不可改变，所以是可信的。平台加电后以 CRTM 为可信起点，通过一种"递归信任"的过程将信任扩展到整个平台。

可信存储根（Root of Trust of Storage，RTS）：RTS 位于 TPM 中，用于维护完整性摘要值和摘要的次序。同时 RTS 也保存委托给 TPM 的密钥和数据。由于 TPM 的内部空间有限，管理的密钥和数据并不直接放在 TPM 内部，而是通过嵌入 TPM 内的存储根密钥（Storage Root Key，SRK）对其加密后放置在系统存储空间中，当需要使用时，再装入 TPM 中。

可信报告根（Root of Trust for Reporting，RTR）：RTR 也位于 TPM 中，用来可靠地报告 RTS 持有的数据。RTR 允许远程验证方获取受 TPM 保护的区域中的数据，包括平台配置寄存器和非易失内存，并用签名密钥签名证实这些数据的真实性。

建立可信根后，还需要建立一条信任链，将信任扩展到整个计算机系统。信任的传递是以可信根开始，到硬件平台、操作系统、再到应用，一级认证一级，一级信任一级。在运行系统中的任何硬件和软件模块之前，必须建立对这些模块代码的信任，这种信任是通过在执行控制转移之前对代码进行度量来确认的。在确认可信后，将建立一个新的可信边界，隔离所有可信和不可信的模块。即使确定模块不可信，也应该继续执行这个模块，但是需要保存真实的平台配置状态值。建立可信链的具体过程如图 5-2 所示，以 CRTM 为可信起点，由 CRTM 计算 BIOS 代码的散列值，并将此值存储在 TPM 中。随后执行 BIOS 代码，控制权由 CRTM 传给 BIOS 代码，BIOS 对系统组件、外围设备选项 ROM 进行测量和计算，并将相应的值存储到 TPM 中，同时将控制传给 OS 引导程序（OS Loader），以此类推直到将控制权传给上层应用程序（App），至此信任链建立。

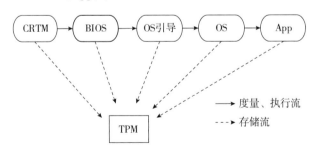

图 5-2　信任链的建立过程

（3）可信平台模块。可信平台模块（TPM）是整个可信计算的基石。

可信根 RTS 和 RTR 都建立在 TPM 基础之上。TPM 是一块嵌入在 PC 主板上的系统级安全芯片，向平台提供各种安全相关的功能。

TPM 由输入和输出、密码协处理器、非易失存储器和电源检测等组件构成，其结构如图 5-3 所示。

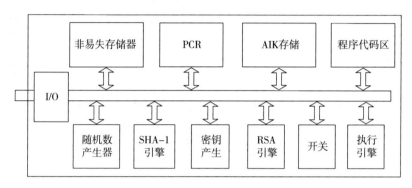

**图 5-3 TPM 内部组件结构**

输入和输出（I/O）：I/O 组件管理着通信总线上的信息流。它为外部和内部总线的通信执行协议编码/解码，并向合适的组件发送消息。I/O 组件执行开关组件和需要访问控制的 TPM 函数的访问策略。

非易失存储器（Non-Volatile Memory，NV）：NV 用来保存 TPM 中的私钥，用户认证数据以及相关的非易失性状态。

AIK 存储（Attestation Identity Key，AIK）：AIK 用于 TPM 的身份证明。AIK 必须是非易失性的，但它并不永久存储在 NV 中，而是以加密的形式置于外部存储设备中，当需要使用时，再将其装入 TPM 中，并在 TPM 内部对其解密。

执行引擎（Exec Engine）：执行引擎运行程序代码来执行从 I/O 端口接收到的 TPM 命令。它是一个保证操作被适当隔离的关键组件。

开关（Opt-In）：开关提供 TPM 打开/关闭、使能/失能和激活/去激活的机制和保护。

RSA 引擎（RSA Engine）：密钥产生（Key Generation），散列（SHA-1 Engine）。

随机数生成（RNG）：这些部件主要用于 TPM 的密码操作，这些操作包括非对称密钥生成和加密/解密（RSA）等。

平台配置寄存器（Platform Configuration Registers，PCR）：PCR 用于存

储完整性度量值。

此外在 TPM V1.2 版本中，还新增加直接匿名认证，传输会话，时间戳等功能。

（4）TCG 软件栈。TCG 软件栈（TCG Software Stack，TSS）是为 TPM 提供支持的软件。主要设计目标包括：对使用 TPM 功能的程序提供唯一入口点；提供对 TPM 的同步访问；对上层程序隐藏命令字节流的排列顺序等细节；管理 TPM 资源（包括创建和释放）。

如图 5-4 所示，TSS 由四个部分组成：

1）TCG 服务提供（TCG Service Provider，TSP）：TSP 为访问 TPM 的应用程序提供丰富的，面向对象的接口。TSP 驻留在与应用程序相同的进程地址空间（都为用户进程），当所在操作系统支持多进程时，可以同时运行多个 TSP 实例。TSP 提供两种服务：上下文管理（Context Manager）和密码操作。上下文管理生成动态句柄，用以有效地使用程序和 TSP 的资源，每个句柄提供一组 TCG 相关操作的上下文。应用程序中的线程即可以与其他线程共享一个上下文，也可以获得一个单独的上下文。为了充分利用 TPM 的安全功能，TSP 必须提供密码功能，但是这些密码功能并不需要特别保护，如哈希算法和字节流产生等。

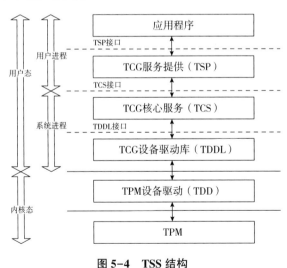

图 5-4　TSS 结构

2）TCG 核心服务（TCG Core Services，TCS）：TCS 提供一组标准平台服务的 API 接口。一个 TCS 可以提供服务给多个 TSP。如果多个 TSP 都基于同一个平台，TCS 保证它们都将得到相同的服务。由于 TPM 并不要求为多线程工作模式，所以它仅仅提供对 TPM 的单线程访问。TCS 提供 4 个核心服务：①上下文管理，提供动态句柄用以有效地使用 TCS 的资源；②密钥和证书的管理，用于存储、管理与平台相关的密钥和证书；③度量事件管理，管理完整性度量事件的日志记录以及相应 PCR 的访问；④TPM 参数块产生，将 TSP 送入的命令转变成字节流后传给 TPM。

3）TCG 设备驱动库（TCG Device Driver Library，TDDL）：TDDL 提供标准接口给不同厂商生产的 TPM，并负责用户态与内核态的传输。TDDL 与 TCS 一样在平台中仅有一个实例（single-instance），只提供对 TPM 的单线程访问。TDDL 默认 TCS 只会顺序传送 TPM 命令，唯一不是单线程性质的操作是 Tddli_Cancel，它允许 TCS 发送中断命令给 TPM。TDDL 提供开放的接口，使各厂商可以自由实现 TPM 及其驱动。

4）TPM 设备驱动（TPM Device Driver，TDD）：TDD 是内核态组件，用于将从 TDDL 收到的字节流发送到 TPM 中，并返回相应的结果。TDD 由 TPM 生成厂商提供。

## 5.1.2 远程证明及其完整性度量机制

可信计算中的一个重要功能是远程证明（Remote Attestation），包括完整性度量（Integrity Measurement）和完整性报告（Integrity Reporting）。远程证明的主要目的是向远端的验证方证明系统当前软件环境的状态，使验证方相信系统行为是可信的，从而和本地系统进行交互。远程证明功能充分体现了可信计算的实质。

其中，完整性度量是远程证明的基础。

它由两部分组成，一是完整性度量模型，由它对系统中影响平台完整性状态的组件进行测量；二是可信存储，即将度量值存储在 PCR 中，并将对应的测量日志保存在系统中。5.1.3 节中将单独讲到度量值的可信存储问题，此节重点讲完整性度量模型。

完整性度量模型是远程证明中的一个研究重点，如何对系统进行度量以真实有效地获得系统的完整性状态，研究人员提出了许多结构，下面对几个经典的完整性度量模型进行介绍。

（1）IMA 模型。TCG 规范中的度量方式是基于代码散列的，即对测量组件的二进制代码进行 hash 运算，将组件的散列值存储在 PCR 中。IMA（Integrity Measure Architecture）是由 IBM 的 Reiner Sailer 等开发的一个早期著名完整性度量结构，它的测量机制基于 TCG 规范。IMA 在 Linux 系统（Redhat 9.0，Kernel 2.4.21）上实现，通过使用 Linux 安全模块（Linux Secure Module，LSM）机制对系统中的可执行文件、动态加载器、内核模块以及动态库进行度量来保证系统运行时间（Runtime）的完整性。LSM 是 Linux 内核的一个轻量级通用访问控制框架，它的基本思想是在内核的数据结构中放置钩子函数（Hook Function），由钩子函数捕获测量组件并对其度量。使用 LSM 框架来开发完整性度量模型无须引入新的硬件或操作系统，具有很好的适用性和灵活性。

IMA 需要在系统中插入度量点，主要是在系统调用 insmod（·）、execve（·）、动态加载器和脚本解释器中增加度量函数 measure（·）。被测量部件在运行前由度量函数通过 LSM 机制获取，对其代码进行 hash 运算并将散列值通过 TPM_Extend 操作扩展到 TPM 的 RCR 中，同时在系统内核中维持一张有序的度量列表 ML（Measure List）。

（2）Secure Bus 模型。Secure Bus（以下简称 SB）是由 George Mason 大学的 XinWen Zhang 等提出的一个可信计算体系结构，该模型建立在可信计算技术硬件基础之上。SB 结构在硬件上使用 TCG 的 TPM 和 Intel 的 LT 技术或 AMD 的 SEM 技术，并且添加了一个安全内核 Secure Kernel（SK）和安全组件 Secure Bus（SB）。该结构以 TPM 为可信根，而后依次把信任传递到 SK 和 SB 上。SK 的主要功能是结合底层 LT 或 SEM 硬件技术对系统中的进程和应用提供隔离功能。SB 位于操作系统内核空间和用户空间之间，主要功能是为进程分配独立的内存空间。

SB 的完整性度量是从系统启动开始，由 TPM 度量 SK 的完整性，SK 对 SB 度量，SB 再对各种应用程序进行度量，度量的方法也是将度量对象的代码摘要存入 PCR 中。

SB 具有以下两个优点：第一，由底层硬件和 SK 对系统进程和应用提供隔离功能；第二，能够保证进程和数据的真实性。虽然隔离机制可以防止对处于运行状态的代码进行修改，但是对于保护代码的完整性是不充分的。因为攻击者可以采用对进程进行非法输入的方法来破坏完整性，所以在 SB 中采用对进程的输入和输出进行 hash 运算的方法来解决，进程代码在运行之前被 SB 进行 hash 摘要。进程的输出数据被 SB 签名，并和进程代码、输入数据的 hash 值连接在一起发送给远程验证方。验证方根据发送来的签名、证书等判断数据是否可信。

（3）基于属性的证明模型。德国鲁尔大学的 Ahmad-Reza Sadeghi 等指出传统的基于程序代码摘要的测量方法存在着以下几个缺点：

1）隐私泄露：对系统硬件和软件以及平台配置的 Hash 摘要测量会使验证方获知系统的详细信息，从而导致平台易遭受攻击。

2）缺乏扩展性：这种基于二进制数据的认证方法，使得任意一比特的数据发生变化都会导致测量组件的安全不被认可。而现今软件升级更新的快速和频繁，使得基于代码摘要的测量方法难以在实际中应用。

3）缺乏开放性：基于代码摘要的方法将使安全与特定的硬件或软件绑定，缺乏通用性，易带来市场垄断。

针对这些缺点，Ahmad-Reza Sadeghi 等提出了基于属性的证明方法（Property-Based Attestation，PBA），这种新的方法只证明一个平台的配置满足某种安全属性，而不强调平台一定要符合某种具体配置。平台拥有若干属性证书以表明它具有一些特定的安全属性，属性证书是由可信的第三方（TTP）签发的。TTP 检查平台的软硬件配置并签发相应的属性证书，验证方通过平台提供的属性证书来判定平台的安全性。

（4）基于系统行为的完整性度量模型。北京交通大学的李晓勇等指出PBA 模型虽然符合人们对安全概念的直观认识，但是"属性"本身是一个抽象的概念，在实际的计算机系统中往往难以用自动化的方法给出精确的表述或定义，因此也就难以度量、比较和验证。

为此本书提出了一种基于系统行为的完整性度量方法（以下简称BTAM），其思想是对证明平台中所发生的与平台状态可信有关的系统行为加以度量和验证，通过行为分析来判断证明方的平台状态是否可信。

根据 TCG 对可信的定义，BTAM 对证明平台可信性的判断建立在两个定义之上：①系统行为 a 可信是指行为 a 符合验证方的预期；②计算平台的状态是否可信取决于其系统行为是否可信。根据这两个定义可推导出：在某一时刻计算平台的状态是可信的，并且其后的系统行为序列也是可信的，则计算平台当前状态是可信的。

BTAM 的应用场景为生产系统，所谓生产系统是指为明确的机构使命服务的计算机信息系统。它们有以下特点：①资产归机构（如政府部门或企业）所有，并服务于机构的业务使命；②系统工作流程和操作人员相对固定。在生产系统中，任何 PC 终端在接入网络或被管理中心质询时，需将自己的完整性状态报告。BTAM 的完整性度量模块基于 LSM 机制，采用类似于 IMA 模型的方法来实现，通过信任链来保证模块的安全性，实现计算平台初始状态的可信性。与其他方法不同之处在于，PC 终端并不是将自己所有的系统行为报告给管理中心，而是由管理中心发送可信行为白名单给各PC 终端。其中白名单规定了所有可信的系统行为。PC 终端将只对白名单上没有的系统行为给以记录和报告，对白名单上存在的行为则不加理会。管理中心对 PC 终端的系统行为记录报告加以分析验证，如果 PC 终端执行过不可信程序，则会被认为平台状态不可信。表 5-1 是各度量模型的优缺点对比。

表 5-1　各度量模型的优缺点对比

| 模型 | 优点 | 缺点 |
| --- | --- | --- |
| IMA | 无须引入新的硬件或操作系统，容易实施 | 隐私易泄露；缺乏开放性，容易造成市场垄断；难以处理软件的升级、更新，可操作性差 |
| SB | 为系统进程和应用提供隔离功能；能够保证进程和数据的完整性 | 需要 Intel 的 LT 技术或 AMD 的 SEM 技术等硬件支持，难以在现有基础设备上实施 |
| PBA | 能够保护系统配置的隐私性和灵活性，且易于升级维护 | 需要引入可信属性证明服务器；难以用自动化的方法给出属性的精确表述或定义 |
| BTAM | 能够保护系统配置的隐私性和灵活性；提高了完整性度量的精度和效率；减少了证明过程中所需的计算量 | 仅适合于生产系统，需要事先为各终端分发可信行为白名单，并要求其工作流程与操作人员相对固定；只针对恶意软件的威胁，无法防范用户有意的非法行为 |

## 5.1.3　度量值的可信存储

上述各完整性度量模型都需要将测量的相关信息置于 TPM 的 PCR 中，由 PCR 保证度量值的存储安全，同时系统中将保存对应的度量日志（Stored Measurement Log，SML）。

PCR 为一个 160 位的存储单元，PCR 中保存的是用 SHA-1 算法对组件度量值的摘要。TPM 规定至少应有 16 个这样的 PCR。所有的 PCR 都位于

TPM 的受保护存储区域内部。其中前 8 个寄存器由 TPM 保留使用，后 8 个由操作系统和完整性度量模型使用。每个 PCR 中保存的度量值由各个平台具体定义，在 PC 架构中，前 8 个 PCR 中值的具体含义如下：

PCR［0］保存有 CRTM 对自己的度量值、系统中的启动自检 BIOS 的度量值以及与启动相关的其他主板上的只读存储区域的度量值。对这些组件的任何更新都是在制造商或其代理的控制之下完成的。在任何情况下，如果 PCR［0］中的值不可信，则其他 PCR 中的值都不能被信任。

PCR［1］中保存主板上的配置信息。主板硬件组件及其配置信息都将被度量到该寄存器中。

PCR［2］中包含只读存储器中与平台无关的信息，这些信息被 BIOS 度量之后放入 PCR［2］中。这样的只读存储器共有两种类型：可见的和隐藏的。对 BIOS 可见的部分 ROM 是由 BIOS 度量之后存放到 PCR［2］中的；对 BIOS 不可见的部分是由这部分 ROM 自己度量之后存放到 PCR［2］中的。

PCR［3］包含有属性 ROM 中的配置和数据的度量值。

PCR［4］、PCR［5］保存有 IPL 的代码和数据的度量值。

PCR［6］保存与状态转换和唤醒事件相关的度量值。

PCR［7］保留给以后使用。

在一个平台中可能有大量的完整性状态需要度量，而且填写度量值实体的合法性难以鉴别，所以对 PCR 中度量值的更新不能只是简单地将旧值覆盖。为了在有限的空间中存储任意多的度量值，PCR 被设计成可以存放任意多个度量值，PCR 值的更新方法如下：

$$PCR 新值 = Hash（PCR 旧值 \parallel 新度量的值）$$

这种更新方法使得 PCR 值具有两种特性：

第一，次序性：PCR 值的更新顺序是不可交换的。比如，先度量 A，再度量 B 和先度量 B，再度量 A，对操作同一个 PCR 来说，这两种更新方法产生的值是不一样的。

第二，单向性：后写的度量值无法影响先前度量值的真实性。可能在某一时段，平台运行恶意程序，进入到不可信的状态，但是由于恶意程序在启动前已经被度量并且度量值存入 PCR 中，PCR 值存储的单向性使它无法通过修改 PCR 值来隐藏自身，除非系统重启。

SML 中包含 PCR 中度量值的相关信息，并且按照先后次序排列，与

PCR 值一起发送给验证方。TCG 中并没有具体定义 SML 的格式，但是建议使用 XML（Extensible Markup Language）为编码方式以供跨平台使用。因为 SML 中的信息与 PCR 值一一对应，对 SML 的任何修改都将被发现，所以 SML 不需要特别的安全保护，可以存储在 TPM 之外的存储空间中，但是 SML 仍然易受到拒绝服务攻击（Denial of Service Attacks），TCG 建议系统应具有复制和重新生成 SML 功能。

### 5.1.4 完整性报告

完整性报告具有两个功能：一是将平台的完整性度量值发送给验证方；二是证明度量值的合法性。远程验证方通过报告机制对平台的可信性进行验证，如果平台的可信环境被破坏，验证方可以拒绝与该平台交互和向该平台提供服务。

（1）可信平台的身份认证。要使验证方相信 PCR 值是真实有效的，证明方必须证明 PCR 值是由自身所拥有的 TPM 签署的，而不是使用其他平台的度量值欺骗验证方。TPM 身份的唯一性可以解决这一问题，它能够准确地标识网络实体，防止身份的伪造与假冒发生。该证明是通过密码学保证的身份标识来提供的：平台所有者的每个可信身份标识都兼顾私有性和可信性，这些身份标识是由 PKI/CA 和可信 PC 平台共同来创建的：首先由 TPM 随机产生一个公钥密码算法的密钥对，其次将其中的公钥通过 PKI/CA 和 TPM 功能交互后制作成可信身份标识。这些密钥包括背书密钥（Endorsement Key，EK），它是 TPM 的唯一密码学身份标识，唯一地标识了一个 TPM 的身份，一旦生成就会固化到安全芯片上，不允许再修改。由于 EK 的唯一性，如果每次身份认证都需要使用 EK，则可能会泄露用户的隐私。所以，在 TCG 体系中，平台认证一般使用身份证明密钥（Attestation Identity Key，AIK）。AIK 是 EK 的别名，它由 EK 衍生而来，用来标识 TPM 使用者的身份。AIK 由 TPM 创建和激活，分发给不同的用户，数量不限制。AIK 的证书由 CA 签发，为了保证 AIK 和 TPM 平台正确的绑定关系，即验证证书申请者的身份，CA 会将生成的证书用申请者所声称的 EK 的公钥加密，所以只有具有 EK 私钥的 TPM 才可以获得 AIK。AIK 可以由不同的 CA 来签发，并且不同的 AIK 可以在不同的场合标明平台的身份，这样有利于实现匿名，从而降低了用户网上活动被追踪的可能性。在具体签名时 AIK 替代

EK 来完成签名功能，专门用于对 TPM 内部产生的数据进行签名，这些数据包括 PCR 值、其他密钥和 TPM 状态信息等。

由于一个用户理论上可以有无限多个 AIK，用户在进行通信的时候，只有可信第三方知道用户的真实身份，通信对象并不知道，这样可以减少隐私的暴露。尽管如此，这种基于 PKI/CA 的认证方式还是存在着明显的缺点：①CA 会成为影响认证效率的瓶颈；②若 CA 与验证者串通，则匿名性就无法实现；③若 CA 与被认证者关联，则证明的合法性就无法实现。为了解决这些问题，TCG 发布了 DAA 方案，即直接匿名认证（Direct Anonymous Attestation，DAA）。DAA 的基础，来自于贝尔实验室与剑桥大学所开发的零知识证明（Zero-knowledge Proof）概念。在零知识证明之中，一个人（或装置）无须披露机密，也可以证明自己确实知道这个秘密。

（2）完整性报告协议。完整性报告协议用于向远程验证方报告系统的完整性状况。证明方将 PCR 值、SML 以及相关证明通过可信的方式提供给远程验证方，远程验证方根据完整性报告来判断证明方的安全状态，从而决定是否与之交互。

完整性报告协议如图 5-5 所示：

1）远程验证方向证明方发送远程证明请求，请求获得一个或多个 PCR 值。

2）位于证明方的平台代理首先获取 PCR 值对应的 SML。

3）平台代理发送命令到 TPM，获取 PCR 值。

4）TPM 使用 AIK 私钥对 PCR 值签名，用以证明 PCR 值的来源。

5）平台代理从知识库里获得用来证明 TPM 平台的证书（AIK 证书）后，将 PCR 值，签名，SML 作为完整性配置，连同 AIK 证书一起返回给验证方。

6）验证方在本地校验完整性配置。如果校验不通过，则说明存在问题，可以拒绝与之交互，或等证明方达到安全状态后再交互。

## 5.1.5　远程证明机制中存在的问题

如前所述，远程证明是可信计算的一项重要功能，能够将终端当前的完整性状态提供给远程验证方。在远程证明中证明方通过完整性报告协议将自身安全状态发送给验证方。现有的完整性报告协议在上节中进行了介

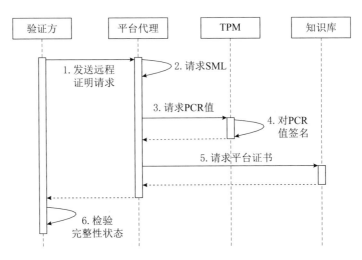

图 5-5　完整性报告协议流程

绍，下面进一步描述协议中与本章有关的细节：如图 5-6 所示，其中证明方拥有 TPM，具有完整性度量系统，能够提供报告功能；验证方为任何要求证明方提供完整性报告的实体。

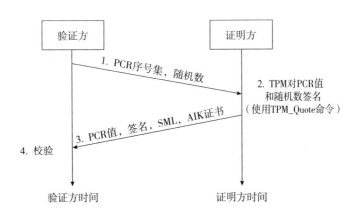

图 5-6　远程证明中完整性报告协议的交互过程

协议的具体步骤如下：

（1）验证方向证明方发送远程证明请求，请求中包含：PCR 序号集（包括一个或多个 PCR 序号）和随机数（20 字节）。其中随机数用来防范重放攻击和防止证明方返回事先保存的 PCR 值欺骗验证方。

（2）证明方调用 TPM_Quote 命令将 PCR 序号集和随机数送入 TPM 中，如图 5-7 所示，TPM 在内部将对应的 PCR 值和随机数绑定后，使用 AIK 签名返回。

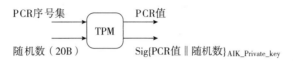

**图 5-7 TPM_Quote 命令的输入输出参数**

（3）证明方将 PCR 值、签名和 SML 作为完整性配置，连同 AIK 证书一起返回验证方。

（4）验证方根据返回的完整性配置判断证明方是否可信。

完整性报告协议侧重于访问控制的应用场景，即远端设备在接入内部网络之前，由内部网络对设备的安全性进行检查，符合要求后才准许设备接入。但是将其应用于设备监控等 LDTN 网络应用场景中，则存在着以下两个问题：

一是效率问题：TPM 的设计主要是从安全和廉价上出发，并不要求其成为一个高性能硬件密码模块，命令的处理速度并不快。同时 TPM 工作在单进程模式下，即同一时间只能向 TPM 发送一个命令，等该命令返回后，才能继续向 TPM 发送命令。当系统有大量远程证明请求时，TPM 需要对每一个请求依次进行处理，对于一些实时性应用来说，必然会成为系统瓶颈，出现效率问题。

二是不支持推送模式：协议中需要验证方发送随机数给证明方以保证 PCR 值的实时性，防范重放攻击，这种方式要求协议由验证方发起，证明方只能被动响应，并且双方必须同时在线，因此此协议只支持拉取模式（pull 模式）。在设备监控应用中，设备无法主动发送完整性配置推送给管理平台（push 模式），同时在网络中断时，管理平台将无法对其进行有效监控，而链路中断则在 LDTN 网络中经常发生。

针对上述两个问题，本书分别提出支持批处理和支持推送模式的远程证明机制来解决。

# 5.2　支持批处理的远程证明机制

本节首先对效率问题进行详细说明，之后给出批处理方案，并使用 Merkle 树进一步减少通信量，最后给出性能分析。

## 5.2.1　效率问题

如前所述，LDTN 网络存在一些应用场景，需要证明方提供大量的远程证明。例如在 WEB 服务中，当客户端需向服务器提供机密信息（如银行账号、密码、个人身份信息）时，将要求服务器提供完整性报告，以检查 WEB 服务器是否安全，能否保护隐私。确定安全后，再将机密信息提交给服务器。在 WEB 服务中一般拥有大量客户端，当有多个客户端同时要求提供远程证明时，由于 TPM 的单进程工作模式，服务器需要对每一个请求依次进行回应。Jonathan M. McCune 等针对 TPM 运行效率问题，对几款不同厂商的 TPM 相关命令的执行时间进行了测试，TPM_ Quote 命令的平均执行时间如表 5-2 所示。实验表明 Quote 命令受 AIK 签名操作的影响，运行效率不高。当有 10 个请求同时到达时，仅考虑 TPM 执行时间，在最好情况下（Infineon TPM）需 3.3s，最坏情况下（Broadcom TPM）需 9.7s，如果加上其他相关操作以及数据通信，请求等待的时间将更长，这对 WEB 服务等实时性应用来说显然是不能接受的。

表 5-2　各 TPM 的 Quote 命令执行时间
（T60 与 MPC 中的 Atmel TPM 不为同一型号）

| TPM 型号 | Infineon v1.2 TPM | Atmel v1.2TPM | Atmel v1.2 TPM | Broadcom v1.2 TPM |
|---|---|---|---|---|
| 测试平台 | AMD workstation | Lenovo T60 | MPC ClientPro | HP dc5750 |
| Quote 命令平均执行时间 | 约 330ms | 约 380ms | 约 760ms | 约 970ms |

Jonathan M. McCune 等提出 SEA（Secure Execution Architecture）模型，通过 AMD 的 SEM 技术或 Intel 的 LT 技术提供的隔离机制，实现关键代码的安全运行。他们指出，TPM 命令执行速度是 SEA 模型的性能瓶颈，并针对此问题提出对系统硬件改进的意见。TCG 组织制定了可信计算技术在服务器应用中的定义和规范等，但是并未涉及本书中的效率问题。5.1.2 节中介绍的 IMA 模型将远程证明应用于 WEB 服务中用以向远程客户提供服务器的安全状况。客户为确保服务器的 PCR 值在整个 WEB 服务交互期间没有被更改，需在一次交易中进行两次完整性报告，这将进一步加重服务器的负担。

## 5.2.2　批处理方案

针对远程证明机制中存在的效率问题，本书在现有 TPM 硬件基础上提出支持批处理的远程证明机制，将短时间段内到达的请求集中进行处理，即批处理。具体描述如图 5-8 所示：

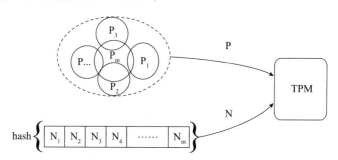

**图 5-8　基于批处理的远程证明机制**

假设固定时间段 T 内有 $M$ 个验证方发送来的远程证明请求，验证方分别是 $A_1, A_2, \cdots, A_m$，对应的 PCR 序号集为 $P_1, P_2, \cdots, P_m$，随机数为 $N_1, N_2, \cdots, N_m$。步骤如下：

（1）令 P 为所有 PCR 序号集的并集，即 $P = P_1 \cup P_2 \cup \cdots \cup P_m$；$N$ 为所有随机数连接后的哈希值，$N = H(N_1 \parallel N_2 \parallel \cdots \parallel N_m)$（本书选取 SHA–1 作为哈希函数，哈希值与随机数的长度相同，都为 20B）。

（2）将 P 作为 PCR 序号集，$N$ 作为批随机数，应用 TPM_Quote 命令。TPM 返回对应的 PCR 值和签名。

（3）将 PCR 值、签名、SML 以及全部随机数作为完整性配置，连同

AIK 证书一起返回给所有验证方。

验证方 $A_k$ 收到证明方的完整性配置后，计算全部随机数的哈希值 $N'$，由于哈希函数的抗碰撞性，当 $N'==N$ 且 $N_k \in$ 全部随机数，验证方 $A_k$ 能够确定证明方返回的完整性配置是在收到 $N_k$ 后产生，保证了新鲜性。

批处理方案在保证无重放攻击的同时，通过对大量远程证明请求进行批处理，解决效率问题。

### 5.2.3 批随机数的改进

支持批处理的远程证明机制在解决效率问题的同时却增加了通信的数据量：返回的随机数随一次批处理的数目增长。例如一次批处理 100 个请求，返回随机数的总长度为 $100 \times 20B \approx 2KB$，而且通信量的增长也将增加传输中出错的概率。本书使用 Merkle 哈希树生成批随机数，改进批处理方案中通信量增长的不足。

Merkle 树是由 Ralph Merkle 在 1989 年提出的，最初用于解决一次性签名中密钥的管理认证问题，它是一种检查大规模数据完整性的高效方法。Merkle 树的组织结构为二叉树，树的分枝结点赋值为它左孩子与右孩子连接后的哈希值。经过迭代运算，生出的根结点可以作为全部叶子结点的摘要。如图 5-9 所示，本书将远程证明请求中的随机数赋值给叶子结点（正方形结点），经过迭代运算，生成 Merkle 树，得出根结点 $h_1$。将 $h_1$ 作为批随机数，应用 Quote 命令。要证明 $h_1$ 是在收到 $N_3$ 后产生的，只需将 3 个带有阴影的结点发送给验证方，图中的箭头表示验证过程。

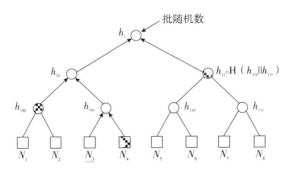

图 5-9　使用 Merkle 树产生批随机数的例子

另外，当随机数的个数不是 2 的次方时，将会产生不平衡树。解决的方法是将无兄弟的结点自动提升到上一层，直到找到一个兄弟为止，如图 5-10 所示，其中 $h_{11} = h_{110} = N_5$。

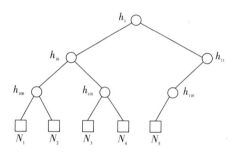

图 5-10  不平衡 Merkle 树

选择 Merkle 树产生批随机数有以下三个原因：

（1）同样具有抗重放攻击能力：由于哈希函数的抗碰撞性，新加和改变任何叶子或内部结点，都将使根结点发生改变，保证了完整性报告的新鲜性。

（2）减少通信量：对 $n$ 个随机数进行批处理，只需返回 $\log_2^n$ 个结点。例如有 1024 个随机数，$n = 1024$，对于每个请求只需返回 10 个结点，通信量为 $10 \times 20B = 200B$，而原批处理方案需将所有随机数返回，通信量为 1024×20B = 20KB。

（3）可以动态产生，节省时间：在时间段 T 内，远程证明请求可能是陆续到达，生成 Merkle 树后可以动态扩充随机数。增加一个随机数最多需要 $O(\log N)$ 步更新根结点。而原批处理方案必须等待时间段 T 结束后才能进行运算。

在先前的可信计算研究中，Merkle 树被用在不同的场合中，Nexus 是一个基于 TCG 规范的安全操作系统，能够提供远程证明和进程隔离，它使用 Merkle 树保护内存数据的完整性和新鲜性。Luis F. G. Sarmenta 等基于 TPM，在不具有可信操作系统的设备上实现大量虚拟单调计数器，文章通过 Merkle 树实现虚拟单调计数器的快速更新，并利用 TPM 保护根结点的完整性。本书借鉴了上述工作使用 Merkle 树的思想，利用它来减少随机数返回的个数，以改进批处理方案中通信量增长问题。

## 5.2.4 效率及安全性分析

（1）效率分析。首先计算 Merkle 树产生批随机数的时间。Dan Williams 等针对 Merkle 树的效率问题，给出 Intel Pentium 4 CPU 1700MHZ 机器上 SHA-1 函数运行时间的线性方程：$H = \alpha b + \beta$。其中 $b$ 为数据块的字节数，$\alpha = 0.0122348\mu sec/B$，$\beta = 1\mu sec$。由于 Merkle 树的分枝结点为两个孩子结点连接后的摘要值，每一个孩子结点的长度为 20B，所以生成一个分枝结点的时间 $H_i = \alpha \times 2 \times 20 + \beta$。高度为 d 的满 Merkle 树，具有 $2^{d-1} - 1$ 个分枝结点，生成根结点的时间为 $(2^{d-1} - 1) \times H_i$。例如一次批处理 1024 个随机数，生成 Merkle 树的高度 $d = 11$，产生批随机数的时间为 1.52ms。

设在固定时间 T 内有 $m$ 个请求，TPM_Quote 命令执行时间为常量 S，则基于批处理的完整性报告用时为 $T+S$，是一常量（产生批随机数的时间可以忽略不计），而改进前的完整性报告用时为 $S \times m$，随 m 线性增长。

为在实践中验证批处理方案的可行性，本书在 Lenovo Think Centre 8811，Intel Core 2 Duo E6300 1.86 GHz，Atmel TPM v1.2 上实现了批处理方案原型。其中 TPM_Quote 命令平均执行时间为 719ms，用 SHA-1 计算 1M 字节文件摘要值的平均时间为 204ms，生成高度为 11 的 Merkle 树的平均时间为 196ms。选取时间段 $T=0.5s$，在时段 $T$ 内对请求数从 1 到 20 分别进行测试。在同一测试环境下，批处理方案和改进前的完整性报告（简称原方案）各运行 20 次取平均值，图 5-11 为对应的处理总时间对比。

据数据显示，当时间段 $T$ 内仅到达一个请求时，由于批处理方案需要等待时间 $T$ 后再进行完整性报告，处理速度低于原方案。但是当请求数目大于 1 时，批处理方案的处理效率将优于原方案。实验表明批处理方案适合于 WEB 服务等需要响应大量完整性报告的应用场景。图 5-12 为两方案中各请求的平均处理时间对比。

图 5-13 为使用 Merkle 树改进后的批处理方案与原批处理方案之间通信量增长的对比，从图中可以看出，改进后的批处理方案随请求数目的增加，通信量并无明显增长，远低于原批处理方案。

（2）安全分析。由于 20 字节可产生 $2^{160}$ 个随机数，证明方通过事先保存一完整性配置进行重放攻击的概率为 $1/2^{160}$，在计算和存储上都是不可行的。本书使用 Merkle 树的根结点作为随机数虽然会增加重放攻击的概率，

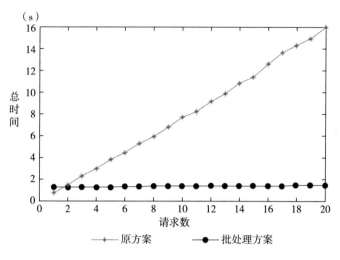

图 5-11 处理总时间对比

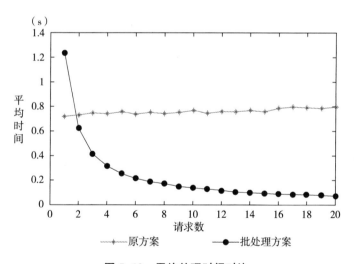

图 5-12 平均处理时间对比

但并不会对安全产生影响。如一高度为 11 的 Merkle 树根结点可以表示 $2^{10}$ 个叶子结点，$2^{10}-1$ 个分枝结点，重放攻击的概率为 $(2^{11}-1)/2^{160} \approx 1/2^{149}$，这在计算和存储上同样具有不可行性。另外，在实际应用中还可对 Merkle 树的高度进行限定，进一步降低重放攻击的概率。

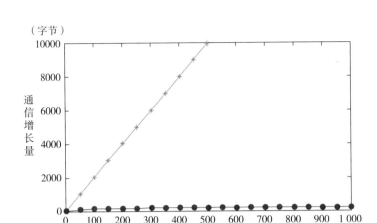

图 5-13　改进前与使用 Merkle 树改进后的批处理方案通信量增长对比

# 5.3　支持推送模式的远程证明机制

## 5.3.1　现有机制不支持推送模式

设备监控用于监视和管理网络中的设备。管理平台周期性地查询网络设备运行状态，如 CPU 负载、进程运行状态、数据吞吐量等，当发现设备出现异常时，可以产生告警并采取相应的措施。但是平台监视的信息仅限于预先定义好的信息，对于未知攻击等将无法监控，同时信息采集模块运行于设备中，极易被破坏篡改。将远程证明应用到设备监控中，管理平台可以通过采集设备的完整性配置，掌握设备运行状况，发现问题时产生告警并采取相应的措施。

目前远程证明存在的一个难题是如何确保报告后系统的安全性。在现有的通用操作系统上实现完整性测量系统（如 5.1.2 节的 IMA、BTAM 模型），由于缺少进程隔离机制，设备可以在报告之后启动恶意软件替换认证过的软件，监听进程通信，收集隐私信息，虽然此时完整性测量系统可以监控到恶意软件的运行，并将该行为记录到 PCR 中，使 PCR 值发生改变，但是验证方无法获知这一变化，除非再进行一次完整性报告获得新的 PCR 值。在设备监控应用中，由于设备长期处于工作状态，管理平台可以通过周期性地进行完整性报告及时获取设备的最新完整性配置，对设备实施有效监控。

在 TCG 规范中，远程证明机制中的完整性报告协议需要验证方发送随机数给证明方以保证 PCR 值的实时性，防范重放式攻击。但是，这种方法在设备监控应用中存在不足，主要体现在以下两个方面：

（1）不支持推送模式：在现有的网络监控协议中，如 SNMP，设备既可以响应管理平台发送的拉取（PULL）命令返回所需信息，也可使用推送（PUSH）模式主动将信息上传给管理平台。而完整性报告协议只支持拉取模式，即只能由管理平台发起，设备无法主动将完整性配置推送给管理平台。

（2）欺骗：随机数的使用要求验证方和证明方必须同时在线，而在 LDTN 网络中则无法保证这一要求。当管理平台与设备之间的连接中断，管理平台无法对其进行监控时，设备可以运行恶意软件，而不被发现；进一步，当设备遭到恶意入侵导致对管理平台的远程证明请求不响应时，管理平台将无法分清是传输中数据包丢失还是设备恶意欺骗。

本书针对以上不足，提出推送模式方案——利用 TPM 的传输会话功能（Transport Session），通过时间戳将完整性配置与时间绑定，实现基于时间的完整性报告。由于时间戳具有抗重放性，保证了 PCR 值的新鲜性，设备可在固定时间或时间段主动上传完整性配置，并可在连接中断时，定时保存完整性配置，实现日志功能，杜绝欺骗问题。

## 5.3.2 支持推送模式的方案

方案利用 TPMv1.2 中新增的时间戳和传输会话功能，首先对这两个功能进行介绍。

（1）时间戳。在应用中，一些程序需要使用可信的时间资源，但是提供可信的时间器将会大大增加 TPM 的制造成本，所以在 TPM 中只设置了一个或多个时间戳计数器（Tick Counters）。启动一个时间戳计数器将开启一个时间会话（Tick Session）。如图 5-14 所示，每个时间会话结构中包含：

时间戳值（TCV）、时间戳增长速率（TIR）、时间会话随机数（TSN）。其中 TCV 为当前时间会话的时间戳，TIR 为标准时间与时间戳的对应关系，TSN 用于标识不同的时间会话，在整个会话中保持不变。时间会话初始时，将 TCV 置零，同时生成一个随机数赋予 TSN，用于标识特定的时间会话。

| TICK COUNT VALUE （TCV） |
| --- |
| TICK INCREMENT RATE （TIR） |
| TICK SESSION NONCE （TSN） |

图 5-14　时间会话结构的组成

TPM v1.2 规范第一部分中，介绍了一种利用可信时间服务器，将时间戳值与格林威治时间相关联，生成时间证书的方法，用以提供可信时间资源。

（2）传输会话。传输会话（Transport Session）用来保证 TPM 与可信程序的安全通信。对会话中的命令提供加密保护，同时提供日志功能，日志中包括所有命令的输入、输出参数以及执行时的时间戳。会话结束后，返回日志的签名。

（3）方案的基本过程。

1）首先将完整性配置与时间戳绑定。

①创建一个传输会话，开启日志功能。

②在传输会话中执行 TPM_Quote 命令（其中随机数可以任意选取）。

③使用 AIK 作为签名密钥，执行 TPM_ReleaseTransportSigned 命令，结束传输会话，TPM 返回会话日志的签名。会话日志中包含 TPM_Quote 命令的输出参数（验证方请求的 PCR 值），命令执行时的时间戳。

④将会话日志、签名以及 SML 作为基于时间的完整性配置（Integrity Configuration Based-on Time，ICBT）保存。

2）将 ICBT 与时间关联。

ICBT 与时间戳绑定后，可以应用 TPMv1.2 规范中的方法使设备产生时间证书，通过时间戳将 ICBT 与格林威治时间相关联。

也可令设备在固定时间间隔自动生成 ICBT。这不需要时间服务器的参与。但是管理平台必须事先保存设备的时间会话随机数（TSN），以防止重放攻击。

需要注意的是，当 TSN 重置时，设备需要重新申请时间证书或通知管理平台更新 TSN。由于时间会话的实现由各 TPM 制造商自行决定，在本方案中，为方便应用，假设当设备能为 TPM 提供不间断电源时，TSN 不会因为设备重启或关机而重置，至少重启情况下，TSN 不会被重置。

### 5.3.3 重启攻击问题

但是，上述方案存在的缺陷是易受到重启攻击：由于 PCR 为易失性存储空间，设备关机或重启后，PCR 值将置零。恶意用户可以在运行非法软件或修改平台配置后，关机重启，将 PCR 值恢复到安全状态。当重启攻击发生在两次完整性报告之间时，管理平台将无法从 PCR 中获知这一攻击。

Reiner Sailer 等利用 TPM 的单调计数器来解决重启攻击问题，单调计数器在整个 TPM 生命中都不会被清空或覆盖，只能单调增加。TPM 含有多个单调计数器，可使用一单调计算器专门记录机器重启次数（简称重启数）。每次机器重启时，BIOS 执行 TPM_IncrementCounter 命令将单调计数器加 1 并将重启数存入 PCR 中，以记录系统重启，表明系统的安全有可能被破坏，远程验证方可选择放弃此次交互。但是这种方法只适用 WEB 服务等即时性应用，并不能直接应用到设备监控中。因为它只能告知设备曾经重启过，但无法获知何时重启，问题可能出现的时间。

本书针对这一问题对时间方案的改进是增加系统重启时间的记录：BIOS 执行 TPM_ GetTicks 命令获得当前时间戳，并和重启数一起写入 PCR 中，使得系统重启时间与时间戳关联。管理平台通过读取 PCR 值可获得当前设备的重启数以及重启时间。当发现设备重启时，能够获知从重启前最后一次完整性报告，到重启这一时间内，有可能发生过攻击。管理平台结合时间信息和其他相关信息进一步判断设备安全是否被破坏。

### 5.3.4 方案的具体实现

在设备中增加后台程序 PA（Platform Agent）用于实现 TCG 规范中的完整性报告，能够提供本方案。

当设备首次向管理平台注册时，管理平台保存设备的 TSN、TCV、重启数以及 AIK 证书，并将时间方案的相关策略发送给 PA。协商流程如图 5-15 所示。

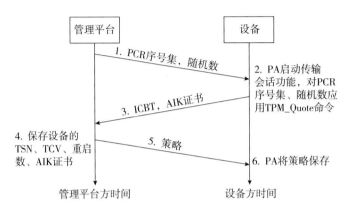

图 5-15 支持推送模式的方案协商流程

（1）管理平台发送 PCR 序号集和随机数给 PA。

（2）PA 开启传输会话，对 PCR 序号集和随机数应用 TPM_Quote 命令，生成 ICBT（在协商流程中必须使用随机数防范重放攻击）。

（3）PA 将 ICBT 以及 AIK 证书返回给管理平台。

（4）管理平台首先校验随机数，保证无重启攻击，之后检查 PA 所在设备的完整性状态，通过后，将设备的 TSN、TCV、重启数以及 AIK 证书保存。

（5）管理平台将相关策略发送给 PA。

（6）PA 将策略保存。

针对不支持推送模式的问题，管理平台发送的策略包括上传 ICBT 的时间或时间周期。PA 根据策略可在固定时间或周期主动将 ICBT 上传。

针对欺骗问题，发送的策略包括管理平台采集设备完整性配置的周期时间。PA 在周期时间内未收到管理平台的远程证明请求时将自动生成 ICBT，并作为日志保存。当再次接收到管理平台的远程证明请求时，PA 将 ICBT 上传，此时远程证明请求中包含管理平台收到设备最后一次完整性报告中的重启数 $R_{save}$。

由于周期性产生 ICBT 会积累大量日志，将其全部上传会产生大量通信数据，PA 需在本地进行筛选，处理流程如下：

（1）检查本地是否保存有 ICBT，若无，返回错误，结束。

（2）读单调计数器获取当前重启数 $R_{cur}$，与管理平台发送来的 $R_{save}$ 比较。若 $R_{cur}==R_{save}$，表明无重启，将当前完整性配置返回，结束。

（3）将 $R_{save}$ 到 $R_{cur}$ 所有重启数对应的最后一次 ICBT 以及当前完整性配置返回，结束。

管理平台收到 PA 返回 ICBT 后的检查流程：

（1）若收到错误，表明 PA 被破坏或 ICBT 被删除，产生告警，结束。

（2）将 PA 返回当前完整性配置中的重启数 $R_{cur}$ 与 $R_{save}$ 比较，若 $R_{cur}==R_{save}$，表明未重启过，检查设备当前完整性状况，结束。

（3）记录每次重启和之前最后一次 ICBT 的时间，检查 ICBT 以及当前的完整性状况，发现问题时产生告警，结束。

## 5.3.5　效率及安全性分析

（1）效率分析。产生 ICBT 时，TPM_Quote 命令和传输会话都将产生签名。但由于 TPM_Quote 命令的输入输出参数包含在会话日志中，受会话日志签名的保护，所以只需发送会话日志签名给管理平台即可。

由于 PCR 值更新的累加性，当设备在网络连接中断期间未重启时，只需要校验当前完整性配置。当设备有重启时，对于每一次重启只需要校验一次 ICBT。

与 5.2 节批处理方案相同，本书在 Lenovo ThinkCentre 8811，Atmel TPM v1.2 上实现了方案原型。测试步骤如下：调用 TPM_Extend 命令对 PCR ［15］写入 10 次数据，同时将数据信息记录在 SML 中。分别对 PCR ［15］应用时间方案以及 TPM_Quote 命令（为与时间方案对应，称为原方案）20 次，取平均值，表 5-3 为相应的实验数据。实验显示，本方案运行时间为 1.612 秒，比原方案增长 124.20%，主要原因是本方案需要进行两次签名。但是在设备监控应用中对响应时间并无特殊要求，故对系统性能影响不大。验证时，在同一设备上通过软件进行验签，从表中可以看出，本方案的验签时间比原方案增长 2.78%，性能无明显影响。

表 5-3    本方案与原方案的效率对比

| 方案 | 证明方<br>签名次数 | 证明方<br>平均执行时间 | 验证方<br>验签次数 | 验证方<br>平均执行时间 |
|:---:|:---:|:---:|:---:|:---:|
| 本方案 | 2 | 1612 ms | 1 | 702 ms |
| 原方案 | 1 | 719 ms | 1 | 683 ms |

（2）安全分析。本方案在底层上的安全性基于现有 TPM 模块的安全性，本书假定 TPM 是安全的，不会被破坏。在应用层上，本方案中利用时间服务器证明的方法，将时间戳与格林威治时间关联，会产生一定范围的误差，但是由于 PCR 值的更新是累加进行的，所以时间误差并不会对方案产生影响。另外，PA、签名、日志等并不受 TPM 保护，可能会被恶意删除或篡改，但这将使管理中心发现设备的安全遭到过破坏。

# 5.4    工程实现

本章对批处理方案和推送模式方案进行工程实现，将其作为增强的平台代理应用在 LDTN 网络中。

## 5.4.1    开发工具和环境

开发平台使用 IBM 的 tpmdd 作为底层 TPM 设备驱动提供 TDDL 层接口。TSS 采用 IBM 开发的 TrouSers 软件包，通过 makefile 编译后，生成 3 个文件——TDDL. o，TCS daemon 和 libtspi. a。其中 TDDL. o 是 TPM 设备驱动库；TCS daemon 是 TSS 核心服务层程序，输入 . /TCS daemon 运行；libtspi. a 是 TPM 操作函数库，若要调用 TPM 的密码引擎或从 PCR 中提取数据都要使用它的 API。

## 5.4.2    平台代理的总体设计

平台代理（Platform Agent，PA）运行在应用层，可以作为一个通用插件应用到各种完整性度量系统中，能够根据需要有选择地开启批处理或推送模式，以增强系统的远程证明能力。

PA 通过 TSP 接口与 TPM 通信，并根据需求从 SML 中取出对应的事件项。PA 负责批处理方案和推送模式方案的实施，能根据设置开启和关闭批处理和推送模式功能。PA 接收到远端验证方发送来的远程证明请求时，若批处理方案功能开启，则它将根据配置文件中的时间段进行批处理作业；若推送模式开启和则它将根据管理平台的要求，在固定时间或时间段主动将完整性配置上传给管理平台，或在连接中断时，定时保存完整性配置，实现日志功能。

PA 的功能模块如图 5-16 所示，包含：

➢ 后台服务模块：负责相关环境的设置，管理批处理和推送模式等。

➢ 批处理方案模块：提供支持批处理的远程证明机制。

➢ 推送方案模块：提供支持推送模式的远程证明机制。

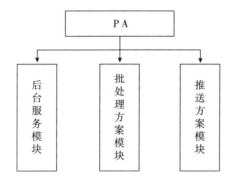

**图 5-16　PA 的功能模块**

下面各节将对上述三个模块进行详细说明。

## 5.4.3　后台服务模块

后台服务模块为第一个启动的进程，并常驻内存中，负责环境的初始化，批处理方案和时间方案的启动和关闭等。具体包括以下三个功能：

第一，初始化环境。后台服务模块需要对 TPM 执行环境进行初始化，将 AIK 装入 TPM，为下一步进行完整性报告做好准备，流程如图 5-17 所示，包括：

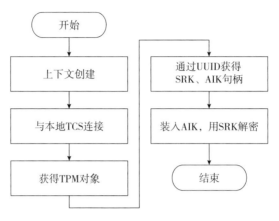

图 5-17　初始化 TPM 环境流程

（1）上下文对象的创建和连接：上下文用于给 TSP 层的对象提供动态的句柄，通过上下文来对对象进行相关的 TCG 操作。在 TSP 层，是通过对象（object）这一概念来定义一些模块的，它们是：上下文对象、策略对象、TPM 对象、密钥对象和 PCR 对象。上下文的作用就是用来管理这些对象的，所以它需要包含一些与对象执行环境相关的信息，比如对象的身份、和 TSS 其他模块（例如 TCS）的交互信息。上下文对象在 TSP 环境中的作为相当于操作系统为运行程序提供的上下文。当 PA 启动时，首先调用 Tspi_Context_Create 创建上下文对象，返回上下文句柄，之后利用得到的句柄执行 Tspi_Context_Connect 命令与本地 TCS 进行连接。

（2）获得 TPM 对象：通过上下文句柄执行 Tspi_Context_GetTPMObject 获得 TPM 对象的句柄，一个上下文对象只允许对应一个 TPM 对象实例，用于代表 TPM 属主（TPM Owner）。

（3）通过 UUID 获得 SRK 和 AIK 的句柄：随着 TSS 系统不断地被使用，会生成越来越多的密钥，而 TPM 内部空间有限，不可能把所有的密钥都存放在 TPM 里面，所以 TCS 在 PC 机的硬盘里划出了一块空间定义为永久存储区（Persistent Storage，PS），用来在 TPM 外部存放密钥。所有 TSS 的密钥将会被 TPM 加密以后存放在 PS 中，由 TCS 的密钥管理服务统一调度。在数据库中注册过的每个密钥都将分配一个可以唯一标识它的全局唯一标识符（Universally Unique Identifier，UUID）。TCS 的密钥管理为这些密钥在 PS

中的存放定义了一个分层树形结构，由 SRK 根密钥做树形结构的根，一级级生成子密钥。其中 SRK 的 UUID 由 TCG 统一规定，其他密钥的 UUID，如 AIK 则由 TSS 分配，并在整个生命周期中保存不变。后台服务模块使用 Tspi_Context_LoadKeyByUUID 通过密钥的 UUID 分别获得 SRK 和 AIK 的句柄。

（4）装入 AIK，用 SRK 解密：使用 Tspi_Key_LoadKey 将 AIK 装入 TPM 中，并指定 SRK 对其在 TPM 内部解密。

第二，对批处理或时间方案模块操作。初始化 TPM 执行环境后，后台服务模块将通过窗口界面与用户交互，根据用户需求以及配置文件开启和关闭批处理方案或时间方案。用户可通过界面设置相关参数，如批处理时间段 T，定时上传 ICBT 时间等。

第三，释放资源。当 PA 关闭时，后台服务模块需要将占用的相关资源释放，释放的资源包括：上下文资源、TPM、AIK 对象等。通过 Tspi_Context_Close 释放上下文资源。通过 Tspi_Context_CloseObject 释放 TPM 对象和 AIK 对象。若启动了批处理方案模块或时间方案模块则还需要释放 PCR 对象。

## 5.4.4　批处理方案模块

批处理方案模块用于提供基于批处理的完整性报告，程序流程如图 5-18 所示：

（1）初始化参数：从配置文件中读取批处理时间段 T，同时将请求数清零。

（2）打开监听端口：建立一个 socket。

（3）等待请求：在端口处侦听 MAS 终端或管理平台发来的远程证明请求。

（4）请求数是否为 0：当有请求到达时，若当前请求数为 0，表明此为第一个请求，需初始化 Merkle 树，将树的高度以及根结点数据清零。同时启动完整性报告子线程，负责计时，并在时间段 T 到达时产生并返回完整性配置。

（5）添加叶子结点：将请求中的随机数作为叶子结点添加到 Merkle 树中。

（6）请求数加 1：将请求数增 1，用于标识到达请求的个数。需要注意的是从流程 4 到 6 为临界区，需要设置信号量，防止运行期间临界资源（请求数和 Merkle 树）被完整性报告子线程访问，产生错误。

（7）启动计时器：当第一个请求到达时，启动完整性报告子线程，并根据配置文件中的批处理时间 T 开始计时。

（8）请求数归零：若批时间段 T 到达，需首先将请求数归零。

（9）产生批随机数：获得 Merkle 树的根结点，生成批随机数。从流程 8 到 9 也为临界区，需要设置信号量，防止产生错误。

（10）返回完整性配置：首先调用 Tspi_Context_CreateObject 创建一个 PCR 对象，其中 objectType 参数选择 TSS_OBJECT_TYPE_PCRS 表明创建的对象类型。将所有请求的 PCR 序号集添加到 PCR 对象中，Tspi_PcrComposite_SelectPcrIndex 一次只能添加一个 PCR 序号，若 PCR 序号集中有多个 PCR 序号则需要反复调用此函数直到将所有序号添加到 PCR 对象中。创建一个 TSS_VALIDATION 结构体的变量，将批随机数复制到此变量的 ExternalData 域中，最后调用 Tspi_TPM_Quote 命令，使用 AIK 对 PCR 值签名，并将完整性配置返回给验证方。

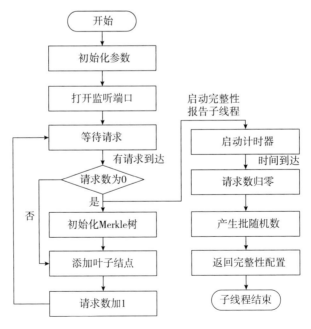

图 5-18　批处理方案流程

### 5.4.5　推送方案模块

推送方案模块用于提供支持推送模式的远程证明机制，流程如图 5-19 所示：

（1）读配置文件：读取测量时间周期，管理平台地址，日志功能主动发送。

（2）开启传输会话：获得一个会话密钥对象，通过 Tspi_GetAttribUint32 设置密钥对象的相关属性，其中 Attribute Value 参数应为 TSS_TSPATTRIB_TRANSPORT_AUTHENTIC_CHANNEL，表明开启日志记录模式。最后通过 Tspi_Context_SetTransEncryptionKey 将此会话密钥指定给传输会话。至此，传输会话建立。

（3）执行 Quote 命令：传输会话建立后，执行 Tspi_TPM_Quote 命令（其中 Nonce 可以是任意 20 字节的随机数）。

（4）关闭传输会话：使用 AIK 作为签名密钥，执行 Tspi_Context_CloseSignTransprot 命令，结束传输会话，返回会话日志的签名。

（5）发送判断：根据配置文件中的参数判断是将 ICBT 发送给管理平台，还是将其作为日志保存在外部存储介质上。当需要将 ICBT 发送给管理平台时，则根据配置文件中保存的管理平台地址，将 ICBT 发送；当需要作为日志保存时，首先根据当前重启数查询系统中是否保存有相同重启数的先前 ICBT 记录。若无，则将当前 ICBT 保存（包括会话日志、签名、SML）；若有，由于 PCR 值更新的累加性，当前 ICBT 中包含先前 ICBT 中的系统行为信息，故将先前 ICBT 删除，保存当前 ICBT。

# 5.5　本章小结

本章将可信计算的远程证明机制应用在 LDTN 网络中，提高终端的持续可信性，并且针对远程证明机制中存在的效率问题，提出批处理方案，将短时间段内到达的请求集中进行处理，实现支持批处理的远程证明，同时利用 Merkle 树进一步减少批处理方案中通信量增长的不足。另外，本章还

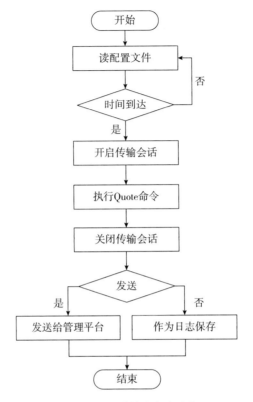

图 5-19 推送模式方案流程

提出了支持推送模式的远程证明方案，利用 TPM 的传输会话功能，在应用层将完整性报告与时间关联，通过定时上传和日志记录的方法实现推送模式。

# 参考文献

［1］ Akyildiz, J McNair, J Ho, H. Uzunalioglu, et al. Mobility management in current and future communications networks ［J］. IEEE Network, 1998: 12 (4): 39-49.

［2］ Allard F, Combes J M, Marin R, et al. Security analysis and security optimizations for the context transfer protocol ［C］. New Technologies, Mobility and Security, 2008: 1-5.

［3］ Atsushi Fujioka, Koutarou Suzuki, and Kazuki Yoneyama. Hierarchical ID-based authenticated key exchange resilient to ephemeral key leakage ［J］. IEICE Transactions on Fundamen, 2011 (6): 1306-1317.

［4］ Ayday E, Delgosha F, Fekri F. Efficient broadcast authentication for wireless sensor networks ［C］. Networking Technologies for Software Define Radio Networks, 2007: 61-62.

［5］ Balasubramaniam S, Indulska J. Vertical handover supporting pervasive computing in future wireless networks ［J］. Computer Communications, 2004, 27 (8): 708-719.

［6］ Bayardo R J, Sorensen J. Merkle tree authentication of HTTP responses ［C］. The Web Conference, 2005: 1182-1183.

［7］ Bellare M, Garay J A, Rabin T, et al. Fast batch verification for modular exponentiation and figital signatures ［C］. Theory and Application of Cryptographic Techniques, 1998: 236-250.

［8］ Brickell E, Camenisch J, Chen L, et al. Direct anonymous attestation ［C］. Computer and Communications Security, 2004: 132-145.

［9］ Boedhihartono P, Maral G. Evaluation of the guaranteed handover algorithm in satellite constellations requiring mutual visibility ［J］. International Journal of Satellite Communications and Networking, 2003, 21 (2): 163-182.

［10］ Boneh D, Boyen X. Efficient selective-ID secure identity-based encryption without random oracles ［C］. Theory and Application of Cryptographic Techniques, 2004: 223-238.

［11］ Boneh D, Boyen X. Secure identity based encryption without random oracles ［C］. International Cryptology Conference, 2004: 443-459.

［12］ Boyd C, Pavlovski C. Attacking and repairing batch verification schemes ［C］. International Conference on the Theory and Application of Cryptology and Information Security, 2000: 58-71.

［13］ Burmester M, Mulholland J. The advent of trusted computing: implications for digital forensics ［C］. Acm Symposium on Applied Computing, 2006: 283-287.

［14］ Camenisch J, Hohenberger S, Pedersen M, et al. Batch verification of short signatures ［C］. International Cryptology Conference, 2007: 246-263.

［15］ Canetti R, Krawczyk H. Analysis of key-exchange protocols and their use for building secure channels ［C］. Theory and Application of Cryptographic Techniques, 2001: 453-474.

［16］ Cha J C, Cheon J H. An identity-based signature from gap diffie-hellman groups ［C］. Public Key Cryptography, 2003: 18-30.

［17］ Chatterjee S, and Sarkar P. New constructions of constant size ciphertext HIBE without random oracle ［C］. Information Security and Cryptology, 2006: 310-327.

［18］ Chen L, Cheng Z, Smart N P. Identity-based key agreement protocols from pairings ［J］. International Journal of Information Security, 2007, 6 (4): 213-241.

［19］ Chow S S M, Hui L C K, Siu M Y, Chow K P. Secure hierarchical identity based Signature and its application ［C］. Proceedings of International Conference on Information and Communications Security, 2004: 480-494.

［20］ Chowdhury P K, Atiquzzaman M, Ivancic W. Handover schemes in satellite networks: state-of-the-art and future research directions ［J］. IEEE Communications Surveys & Tutorials, 2006, 8 (4): 2-14.

［21］ Cooper A, Martin A. Towards an open, trusted digital rights management platform ［C］. Digital Rights Management, 2006: 79-88.

[22] Del Re E, Fantacci R, Giambene G. Handover queuing strategies with dynamic and fixed channel allocation techniques in low earth orbit mobile satellite systems [J]. IEEE Transactions on Communications, 1999, 47 (1): 89-102.

[23] Delay Tolerant Networking Research Group [EB/OL]. [2013-01-18]. http://www.dtnrg.org.

[24] Edelman P T, Donahoo M J, Sturgill D B. Secure group communications for delay-tolerant networks [C]. 2010 International Conference for Internet Technology and Secured Transactions, IEEE, 2010: 1-8.

[25] Efthymiou N, Hu Y F, Sheriff R E, et al. Inter-segment handover algorithm for an integrated terrestrial/satellite-UMTS environment [C]. Personal Indoor and Mobile Radio Communications, 1998: 993-998.

[26] Ferrara A L, Green M, Hohenberger S, et al. Practical short signature batch verification [C]. The Cryptographers Track at the Rsa Conference, 2009: 309-324.

[27] Fiat A. Batch RSA [C]. International Cryptology Conference, 1989: 175-185.

[28] Fida M, Ali M I, Adnan A, et al. Region-based security architecture for DTN [C]. International Conference on Information Technology: New Generations, 2011: 387-392.

[29] Garfinkel T, Pfaff B, Chow J, et al. Terra: A virtual machine-based platform for trusted computing [C]. Symposium on Operating Systems Principles, 2003, 37 (5): 193-206.

[30] Gentry C, Silverberg A. Hierarchical ID-based cryptography [C]. International Conference on the Theory and Application of Cryptology and Information Security, 2002: 548-566.

[31] Gkizeli M, Tafazolli R, Evans B G. Hybrid channel adaptive handover scheme for non-GEO satellite diversity based systems [J]. Communications Letters, IEEE, 2001, 5 (7): 284-286.

[32] Granger R, Page D, Smart N P, et al. High security pairing-based cryptography revisited [C]. Algorithmic Number Theory Symposium, 2006: 480-494.

[33] H Uzunalioglu. Probabilistic routing protocol for low earth orbit satellite networks [C]. IEEE International Conference on Communications, 1998: 89-93.

［34］ Hu X, Wang T, Xu H, et al. Cryptanalysis and improvement of a HIBE and HIBS without random oracles ［C］. Machine Vision and Human Machine Interface, 2010：389-392.

［35］ Huang J, Yeh L, Chien H, et al. ABAKA：An anonymous batch authenticated and key agreement scheme for value-added services in vehicular Ad Hoc networks ［J］. IEEE Transactions on Vehicular Technology, 2011, 60（1）：248-262.

［36］ Hwang F K. A method for detecting all defective members in a population by group testing ［J］. Journal of the American Statistical Association, 1972, 67（339）：605-608.

［37］ IBM. Linux TPM Device Driver ［EB/OL］. ［2004-01-01］. http：//sourceforge. net/projects/tpmdd.

［38］ IBM. TrouSerS：The open-source TCG Software Statck ［EB/OL］. ［2006-01-12］. http：//trousers. sourceforge. net.

［39］ Intel Corporation. LaGrande technology preliminary architecture specification ［EB/OL］. ［2006-04-10］. www. intel. com/technology/ security/downloads/LT_ spec_ 0906. pdf.

［40］ IPNSIG：Interplanetary special interest group［EB/OL］. ［2020-05-12］. http：//www. ipnsig. org.

［41］ Karlof C, Sastry N, Li Y, et al. Distillation codes and applications to DoS resistant multicast authentication ［C］. Network and Distributed System Security Symposium, 2004：1-10.

［42］ Kate A, Gregory M Z and Hengartner U. Anonymity and security in delay tolerant networks ［C］. Security and Privacy in Communications Networks and the Workshops, 2007：504 -513.

［43］ Koodli R, Perkins C E. Fast handovers and context transfers in mobile networks ［J］. ACM SIGCOMM Computer Communication Review, 2001, 31（5）：37-47.

［44］ Lebeau A, Fields J, Lavering R, et al. Improving non-stationary data retrieval in wireless sensor networks ［C］. International Conference on Wireless Networks, 2005：33-37.

［45］ Lim C H, Lee P J. Security of interactive DSA batch verification ［J］.

Electronics Letters, 1994, 30 (19): 1592-1593.

[46] Liu D, Ning P, Zhu S, et al. Practical broadcast authentication in sensor networks [C]. Proceedings of the Second Annual International Conference on Mobile and Ubiquitous Systems, 2005: 118-129.

[47] Liu D, Ning P. Multi-level μ TESLA: Broadcast authentication for distributed sensor networks [J]. ACM Transactions in Embedded Computing Systems (TECS), 2004, 3 (4): 800-836.

[48] M Broekman. End-To-End Application security using trusted computing [EB/OL]. [2005-10-01]. http: //www. cs. ru. nl/onderwijs/afstudereninfo/scripties/2005.

[49] Maral G, Restrepo J, Re E D, et al. Performance analysis for a guaranteed handover service in an LEO constellation with a "satellite-fixed cell" system [J]. IEEE Transactions on Vehicular Technology, 1998, 47 (4): 1200-1214.

[50] Matt B J. Identification of multiple invalid pairing-based signatures in constrained batches [C]. International Conference on Pairing Based Cryptography, 2010: 78-95.

[51] Mccune J M, Parno B, Perrig A, et al. How low can you go: Recommendations for hardware-supported minimal TCB code execution [J]. Architectural Support for Programming Languages and Operating Systems, 2008, 42 (2): 14-25.

[52] Merkle R C. A Certified digital signature [C]. International Cryptology Conference, 1989: 218-238.

[53] Naccache D, Mraihi D, Vaudenay S, et al. Can D. S. A. be improved? —Complexity trade-offs with the digital signature standard [C]. Theory and Application of Cryptographic Techniques, 1994: 77-85.

[54] Nakhjiri M F. A time efficient context transfer method with selective reliability for seamless IP mobility [C]. Vehicular Technology Conference, 2003: 1959-1963.

[55] Papapetrou E, Karapantazis S, Dimitriadis G, et al. Satellite handover techniques for LEO networks [J]. International Journal of Satellite Communications and Networking, 2004, 22 (2): 231-245.

[56] Papapetrou E, Pavlidou F N. QoS handover management in LEO/MEO satellite systems [J]. Wireless Personal Communications, 2003, 24 (2): 189-204.

［57］ Paterson K G, Schuldt J C. Efficient identity-based signatures secure in the standard model ［C］. Australasian Conference on Information Security and Privacy, 2006: 207-222.

［58］ Perrig A, Szewczyk R, Wen V, et al. SPINS: Security protocols for sensor networks ［J］. Journal of Wireless Networks, 2002, 8 (5): 521-534.

［59］ Qian Y, Chen X, Du X, et al. Asecurity context transfer method for integrated space network ［C］. International Symposium on Information Science and Engineering, 2008: 276-280.

［60］ R Merkle. Protocols for public key cryptosystems ［C］. Proceedings of the IEEE Symposium on Research in Securityand Privacy, 1980: 122-134.

［61］ Ranasinghe S N, Chaouchi H, Friderikos V, et al. Peer-to-peer assisted security context transfer for mobile terminals ［C］. IFIP Wireless Days, 2008: 1-5.

［62］ Reid J, Caelli W. DRM, trusted computing and operating system architecture ［C］. Grid Computing, 2005: 127-136.

［63］ Reid J, Nieto J M, Dawson E, et al. Privacy and trusted computing ［C］. Database and Expert Systems Applications, 2003: 383-388.

［64］ Ren K, Lou W, Zeng K, et al. On broadcast authentication in wireless sensor networks ［J］. IEEE Transactions on Wireless Communications, 2007, 6 (11): 4136-4144.

［65］ Sadeghi A, Stuble C. Property-based attestation for computing platforms: caring about properties, not mechanisms ［C］. New Security Paradigms Workshop, 2004: 67-77.

［66］ Sandhu R, Zhang X. Peer-to-peer access control architecture using trusted computing technology ［C］. Symposium on Access Control Models and Technologies, 2005: 147-158.

［67］ Sailer R, Jaeger T, Zhang X, et al. Attestation-based policy enforcement for remote access ［C］. Computer and Communications Security, 2004: 308-317.

［68］ Sailer R, Zhang X, Jaeger T, et al. Design and implementation of a TCG-based integrity measurement architecture ［C］. Usenix Security Symposium, 2004: 16-16.

[69] Sarmenta L F, Van Dijk M, Odonnell C W, et al. Virtual monotonic counters and count−limited objects using a TPM without a trusted OS [C]. Scalable Trusted Computing, 2006: 27−42.

[70] Santos V D, Silva R, Dinis M, et al. Performance evaluation of channel assignment strategies and handover policies for satellite mobile networks [C]. IEEE International Conference on Universal Personal Communications, 1995: 86−90.

[71] Seshadri A, Perrig A, Van Doorn L, et al. SWATT: soft Ware−based attestation for embedded devices [C]. IEEE Symposium on Security and Privacy, 2004: 272−282.

[72] Seth A, Keshav S. Practical security for disconnected nodes [C]. Proceedings of the First International Conference on Secure Network Protocols, 2005: 31−36.

[73] Shacham H, Boneh D. Improving SSL handshake performance via batching [C]. The Cryptographers Track at the Rsa Conference, 2001: 28−43.

[74] Shamir A. Identity−based cryptosystems and signature schemes [C]. International Cryptology Conference, 1985: 47−53.

[75] Shieh A, Williams D, Sirer E G, et al. Nexus: A new operating system for trustworthy computing [C]. Symposium on Operating Systems Principles, 2005: 1−9.

[76] Wang H, Prasad A R. Security context transfer in vertical handover [C]. Personal, Indoor and Mobile Radio Communications, 2003: 2775−2779.

[77] Wasef A, Shen X. ASIC: Aggregate signatures and certificates verification scheme for vehicular networks [C]. Global Communications Conference, 2009: 4489−4494.

[78] Werner M, Berndl G, Edmaier B, et al. Performance of optimized routing in LEO intersatellite link networks [C]. Vehicular Technology Conference, 1997: 246−250.

[79] Werner M, Delucchi C, Vogel H, et al. ATM−based routing in LEO/ MEO satellite networks with intersatellite links [J]. IEEE Journal on Selected Areas in Communications, 1997, 15 (1): 69−82.

[80] Williams D, Sirer E G. Optimal parameter selection for efficient memory integrity verification using Merkle hash trees [C]. Network Computing and Ap-

plications, 2004: 383-388.

[81] Wright C, Cowan C, Smalley S, et al. Linux security modules: General security support for the Linux Kernel [C]. Usenix Security Symposium, 2002: 17-31.

[82] Xu G, Borcea C, Iftode L, et al. Satem: Trusted service code execution across transactions [C]. Symposium on Reliable Distributed Systems, 2006: 321-336.

[83] Xu G, Chen X, Du X, et al. Chinese remainder theorem based DTN group key management [C]. International Conference on Communication Technology, 2012: 779-783.

[84] Xu Y, Ding Q L, Ko C C, et al. An elastic handover scheme for LEO satellite mobile communication systems [C]. Global Communications Conference, 2000: 1161-1165.

[85] Xue K, Hong P, Tie X, et al. Using security context pre-transfer to provide security handover optimization for vehicular Ad Hoc networks [C]. Vehicular Technology Conference, 2010: 1-5.

[86] Yen S M, Laih C S. Improved digital signature suitable for batch verification [J]. Computers, IEEE Transactions on, 1995, 44 (7): 957-959.

[87] Zhang L, Hu Y P, Wu Q. Adaptively secure hierarchical identity-based signature in the standard model [J]. The Journal of China Universities of Posts and Telecommunications, 2010, 17 (6): 95-100.

[88] Zheng X, Huang C, Matthews M M, et al. Chinese remainder theorem based group key management [C]. Acm Southeast Regional Conference, 2007: 266-271.

[89] Zhang X, Covington M J, Chen S, et al. SecureBus: Towards application-transparent trusted computing with mandatory access control [C]. Computer and Communications Security, 2007: 117-126.

[90] Zhang Y, Liu W, Lou W, et al. Anonymous communications in mobile ad hoc networks [C]. International Conference on Computer Communications, 2005: 1940-1951.

[91] Zhu H, Lin X, Lu R, et al. An opportunistic batch bundle authentication scheme for energy constrained DTNs [C]. International Conference on Com-

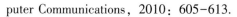

puter Communications，2010：605-613.

［92］Zhu L，Hou H，Xu W，et al. Amethod for making FMIPv6 security and fast handover based on context transfer protocol ［C］. International Conference on Wireless Communications，Networking and Mobile Computing，2010：1-4.

［93］常朝稳，徐国愚，刘晨，王玉桥，覃征. 基于批处理的远程证明机制 ［J］. 武汉大学学报（理学版），2009，55（1）：153-155.

［94］陈炳才，韩亚萍，郭黎利，聂伯勋. 低轨卫星网络支持飞机用户的切换管理算法 ［J］. 计算机应用，2009，29（8）：2194-2197.

［95］陈军. 可信平台模块安全性分析与应用 ［D］. 中国科学院计算技术研究所博士学位论文，2006.

［96］杜志强，沈玉龙，马建峰，周利华. 一种实用的传感器网络广播认证协议 ［J］. 西安电子科技大学学报（自然科学版），2010，37（2）：305-310.

［97］高志刚，冯登国. 高效的标准模型下基于身份认证密钥协商协议 ［J］. 软件学报，2011，22（5）：1031-1040.

［98］黄鑫阳，杨明，吕珊珊. 一种高效的多播源认证协议与仿真实现 ［J］. 系统仿真学报，2007，19（10），2216-2221.

［99］姜奇，马建峰，李光松，刘宏月. 基于身份的异构无线网络匿名漫游协议 ［J］. 通信学报，2010，31（10）：138-145.

［100］蒋毅，史浩山，赵洪钢. 基于分级 Merkle 树的无线传感器网络广播认证策略 ［J］. 系统仿真学报，2007，19（24），5700-5704.

［101］李进，张方国，王燕鸣. 两个高效的基于分级身份的签名方案 ［J］. 电子学报，2007，35（1）：150-152.

［102］李晓勇，左晓栋，沈昌祥. 基于系统行为的计算平台可信证明 ［J］. 电子学报，2007，35（7）：1234-1239.

［103］刘威鹏，胡俊，方艳湘，沈昌祥. 基于可信计算的终端安全体系结构研究与进展 ［J］. 计算机科学，2007，34（10）：57-263.

［104］钱雁斌，陈性元，杜学绘. 临近空间网络安全切换机制研究 ［J］. 计算机工程与应用，2008，44（15）：18-21.

［105］王圣宝，曹珍富，董晓蕾. 标准模型下可证安全的身份基认证密钥协商协议 ［J］. 计算机学报，2007，30（10）：1842-1854.

［106］吴青，张乐友，胡予濮. 标准模型下一种新的基于分级身份的

短签名方案［J］. 计算机研究与发展，2011，48（8）：1357-1362.

［107］徐国愚，常朝稳，黄坚，谷冬冬，基于时间的平台完整性证明［J］. 计算机工程，2009，35（6）：432-435.

［108］徐国愚，陈性元，杜学绘. MANET 网络中基于身份的匿名认证机制［J］. 计算机工程与设计，2013，34（11）：3721-3725.

［109］徐国愚，陈性元，杜学绘，曹利峰. 大规模延迟容忍网络中基于分级身份的认证密钥协商协议［J］. 计算机应用研究，2013，30（8）：2515-2519.

［110］徐国愚，陈性元，杜学绘. 大规模延迟容忍网络中基于分级身份签名的认证方案研究［J］. 电子与信息学报，2013，35（11）：2615-2622.

［111］徐国愚，陈性元，杜学绘. 基于消息驱动的 μTESLA 广播认证协议［J］. 北京工业大学学报，2013，39（5）：735-741.

［112］徐国愚，陈性元，杜学绘，肖建鹏. 一种新的多级 μTESLA 广播认证协议［J］. 小型微型计算机系统，2013，34（3）：525-529.

［113］徐国愚，陈性元，杜学绘. 一种新的基于上下文传递的临近空间安全切换机制［J］. 计算机科学，2013，40（4）：160-163.

［114］徐国愚，王颖锋、马小飞、王科锋、颜若愚. 面向分级身份密码批验签的错误签名混合筛选算法［J］. 计算机应用，2017，37（1）：217-221.

［115］张焕国，罗捷，金刚等. 可信计算研究进展［J］. 武汉大学学报（理学版），2006，52（5）：513-518.